酷科学 解读生命密码
KU KEXUE JIEDU SHENGMING MIMA

走进细菌世界

王 建◎主编

时代出版传媒股份有限公司
安徽美术出版社
全国百佳图书出版单位

图书在版编目（CIP）数据

走进细菌世界/王建主编.—合肥：安徽美术出版社，2013.3（2021.11重印）（酷科学.解读生命密码）

ISBN 978-7-5398-3520-4

Ⅰ.①走… Ⅱ.①王… Ⅲ.①细菌-青年读物②细菌-少年读物 Ⅳ.①Q939.1-49

中国版本图书馆 CIP 数据核字（2013）第 044137 号

酷科学·解读生命密码
走进细菌世界

王建 主编

出 版 人：王训海

责任编辑：张婷婷

责任校对：倪雯莹

封面设计：三棵树设计工作组

版式设计：李　超

责任印制：缪振光

出版发行：时代出版传媒股份有限公司

安徽美术出版社（http://www.ahmscbs.com）

地　　址：合肥市政务文化新区翡翠路 1118 号出版传媒广场 14 层

邮　　编：230071

销售热线：0551-63533604　0551-63533690

印　　制：河北省三河市人民印务有限公司

开　　本：787mm×1092mm　1/16　印张：14

版　　次：2013 年 4 月第 1 版　2021 年 11 月第 3 次印刷

书　　号：ISBN 978-7-5398-3520-4

定　　价：42.00 元

{P REFACE}

前言 ▶▶

走进细菌世界

在许多人的印象里，细菌就是疾病、瘟疫的代名词，许多可怕的流行病都与细菌有着难以解脱的渊源。但是，也许我们想都没想到，并非所有的细菌都是青面獠牙、穷凶极恶的，许多细菌其实还是非常"温柔可爱"的。

许多细菌对人类不仅无害而且有益，能给人类带来很大的好处。这些细菌与宿主结成了利益共同体，与宿主的免疫系统一道并肩作战，共同抵御"外敌"，为宿主的健康和生存做出了巨大贡献。所以，科学家也把这些能与宿主友好相处并对人体有很大益处的细菌称为"有益菌"。

比如仅在人体肠道内的寄生菌就有 400 多种，它们维持着肠道的"生态平衡"，为人体提供维生素和氨基酸等不可或缺的物质。其中的乳酸杆菌就是这样一种有益菌，这种微生物生活在人的肠道里，可以降低肠道感染，防止腹泻的发生，还可以在腹泻后加速康复等。

而生活在人的皮肤表面的葡萄球菌，每平方厘米便有15 万个左右，会把皮肤的每一个小孔都塞得满满的，使其他有害菌无法进入和存活。绿灰链球菌则生活在我们的口腔中，全力阻止可能给我们带来感染的其他入侵者，防止龋齿的发生。

有益菌甚至还能帮助降低血液中的胆固醇水平，以及通过降解致癌物质，抑制某些癌症的发生发展。近年来，科学家们在人体骨髓里也发现一些有益的细菌，例如厌氧棒状细菌，在骨髓内可以保护和激活造血干细胞，提高白细胞的繁殖能力，还能诱导体内合成难得的干扰素，以增强机体对病毒的抵抗力。

值得一提的是，有的细菌还是制药能手。科学家们发现了一种细菌在进入人体肠道后，能够分泌一种特殊的、具有消炎等功能的蛋白质，这就如同在人体内形成一座小型"制药厂"，从而可以在病灶处集中力量消灭疾病。最近，美国科学家还发现了一种制冷细菌，它们能在 $2 \sim 3$ 分钟内将人体表面迅速冷却到 $0℃$ 以下，把用这种细菌调制成的冷却剂涂在伤口周围，可使人体细胞组织温度降低，防止炎症发生，促进伤口愈合。

如今，有益细菌的作用机理和如何去筛选、培育安全的有益细菌已成为世界微生物领域公认的前沿性课题。可以预见，世界各国对有益细菌的深入研究，将大大有助于人类的健康和社会经济的发展。

CONTENTS 目录
走进细菌世界

走进细菌的世界

认识微生物 …………………… 2

细菌的形状和种类 …………… 6

细菌的结构 …………………… 9

细菌的生活 …………………… 15

细菌的繁殖 …………………… 17

细菌的变异 …………………… 19

细菌的食物来源 ……………… 21

无所不在的细菌 ……………… 22

细菌喜欢的场所 ……………… 26

生物因素对细菌的影响 ……… 28

细菌的致病性 ………………… 29

人体的抗菌与免疫 …………… 35

艰难的跋涉

他看到了一个奇妙的世界 …… 42

发现细菌世界的利器 ………… 45

日新月异的细菌观察诊断
　　技术 …………………… 50

细菌的人工培养 ……………… 54

李斯特和消毒杀菌法 ………… 57

物理消毒灭菌法 ……………… 62

化学消毒法 …………………… 66

"罐头"与细菌 ……………… 69

奇妙的噬菌体 ………………… 72

梅契尼科夫和吞噬细胞 ……… 74

征服致病细菌的荆棘之路

发现恐怖的炭疽杆菌 ………… 80

巴斯德和炭疽疫苗 …………… 87

征服炭疽杆菌的脚步 ………… 98

屡屡发生的鼠疫大流行 ……… 100

亚历山大·叶尔辛的功绩 …… 106

我国的抗鼠疫英雄——
　　伍连德 ………………… 111

征服鼠疫杆菌的光明前景 …… 115

致命的痢疾杆菌 ……………… 119

屡造事端的霍乱 ……………… 123

斯诺与布劳德水井 …………… 129

科学对待霍乱杆菌 …………… 137

中国的抗击霍乱之路 ………… 139

斩断百日咳杆菌蔓延的
魔爪 ………… 142

葡萄球菌与青霉素 ………… 147

向麻风杆菌宣战 ………… 156

科赫发现结核杆菌 ………… 160

卡密特的贡献 ………… 167

卡介苗的发明 ………… 171

卡介苗的曲折之路 ………… 174

抗击结核病的勇士——王良 … 177

结核性疾病的克星——
链霉素 ………… 180

造福人类的"天使"

专门吃汞的细菌 ………… 184

细菌也可做饲料 ………… 186

密不可分的细菌和农业
生产 ………… 188

无菌不成醋 ………… 192

甲烷细菌与沼气 ………… 194

光合细菌造福人类 ………… 196

细菌冶金 ………… 199

人类的新助手 ………… 202

征服细菌的双刃剑

黯淡收场的磺胺 ………… 206

"道高一尺，魔高一丈"——
抗生素与细菌的战斗 ………… 209

"谈之色变"的细菌武器 …… 212

罪行累累的"黑太阳" ………… 214

走进细菌的世界

　　说起细菌，很容易让人联想到美国好莱坞大片《生化危机》，在电影中，细菌的巨大威力让人不寒而栗，整个城市陷入细菌泄漏的恐怖中，再加上病毒的变异物种，地球几近变成了布满行尸走肉的地狱。追溯历史，侵华日军的"细菌战"带给国人的创伤至今难以抚平。正因为如此，不少人会执拗地认为细菌就是"洪水猛兽"，要严防细菌侵入，最好能将其"赶尽杀绝"。而科学研究告诉我们，细菌与人类是相生相克、亦敌亦友的关系。

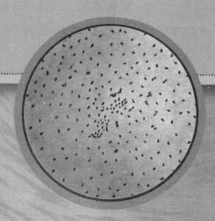

认识微生物

认识细菌，首先要从认识微生物开始。

人们常说的微生物一词，是对所有形体微小、单细胞或个体结构较为简单的多细胞，甚至无细胞结构的低等生物的总称，或简单地说是对细小的人们肉眼看不见的生物的总称，指显微镜下的才可见的生物。

作为生物，微生物也具有一切生物的共同点：

广角镜

单细胞

生物圈中还有肉眼很难看见的生物，它们的身体只有一个细胞，称为单细胞生物。生物可以根据构成的细胞数目分为单细胞生物和多细胞生物。单细胞生物只由单个细胞组成，而且经常会聚集成为细胞集落。单细胞生物个体微小，全部生命活动在一个细胞内完成，一般生活在水中。

（1）遗传信息都是由 DNA 链上的基因所携带的，除少数特例外，其复制、表达与调控都遵循中心法则。

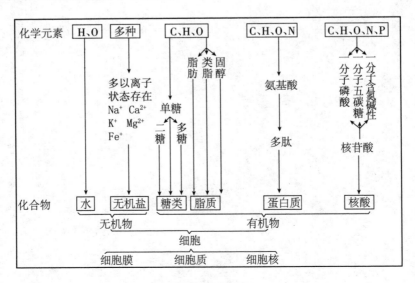

细胞的化学组成

（2）微生物的初级代谢途径如蛋白质、核酸、多糖、脂肪酸等大分子物的合成途径基本相同。

（3）微生物的能量代谢都以 ATP 作为能量载体。

微生物作为生物的一大类，除了与其他生物共有的特点外，还具有其本身的特点及其独特的生物多样性。

微生物的个体极其微小，必须借助于光学显微镜或电子显微镜才能观察到它们。测量和表示单位通常为微米。

尽管微生物的形态结构十分简单，大多是由单细胞或简单的多细胞构成，甚至还无细胞结构，仅有 DNA 或 RNA；形态上也仅是球状、杆状、螺旋状或分

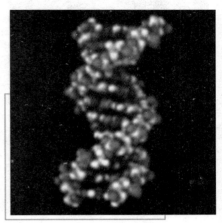

DNA 模型

枝丝状等，细菌形态上除了那些典型形状外，还有许多如方形、阿拉伯数字状、英文字母形等特殊形状。

微生物细胞的显微结构更是具有明显的多样性，如细菌经革兰染色后可分为革兰阳性细菌和革兰阴性细菌，其原因在于细胞壁的化学组成和结构不同，古菌的细胞壁组成更是与细菌有着明显的区别，没有肽聚糖而由蛋白质等组成，真菌细胞壁结构又与古菌、细菌有很大的差异。

广角镜

革兰染色法

革兰染色法由丹麦病理学家 Christain Gram 于 1884 年创立，是细菌学中很重要的鉴别染色法。通过此法染色，可鉴别革兰阳性菌（G＋）和革兰阴性菌（G－）。

微生物能利用的基质十分广泛，是任何其他生物所望尘莫及的。从无机的二氧化碳到有机的酸、醇、糖类、蛋白质、脂类等，从短链、长链到芳香烃类，以及各种多糖大分子聚合物（果胶质、纤维素等）和许多动、植物不能利用，甚至对其他生物有毒的物质，都可以成为微生物的碳源和能源。

微生物的代谢方式多样，既可以以二氧化碳为碳源进行自养型生长，也

显微镜下的霉菌

可以以有机物为碳源进行异养型生长；既可以以光能为能源，也可以以化学能为能源；既可以在有氧气条件下生长，又可以在无氧气条件下生长。

微生物代谢的中间体和产物更是多种多样，有各种各样的酸、醇、氨基酸、蛋白质、脂类、糖类等。代谢速率也是任何其他生物所不能比拟的。如在适宜环境下，大肠杆菌每小时可消耗的糖类相当于其自身重量的2000倍。以同等体积计，1个细菌在1小时内所消耗的糖即可相当于人在500年时间内所消耗的粮食。

微生物的代谢产物更是多种多样，如蛋白质、多糖、核酸、脂肪、抗生素、维生素、毒素、色素、生物碱，二氧化碳、水、硫化氢、二氧化氮等。

微生物的繁殖方式相对于动植物的繁殖也具有多样性。细菌以二裂法为主，个别可由性结合的方式繁殖；放线菌可以菌丝和分生孢子繁殖；霉菌可由菌丝、无性孢子和有性孢子繁殖，无性孢子和有性孢子又各有不同的方式和形态；酵母菌可由出芽方式和形成子囊孢子方式繁殖。

微生物由于个体小、结构简单、繁殖快、与外界环境直接接触等原因，很容易发生变异，而且在很短时间内出现大量的变异后代。变异具有多样性，其表现可涉及任何性状，如形态构造、代谢途径、抗性、抗原性的形成与消失、代谢产物的种类和数量等。

拓展阅读

放线菌

放线菌是原核生物的一个类群。大多数有发达的分枝菌丝。菌丝纤细，宽度近于杆状细菌，0.5～1微米。可分为：营养菌丝，又称基质菌丝，主要功能是吸收营养物质，有的可产生不同的色素，是菌种鉴定的重要依据；气生菌丝，叠生于营养菌丝上，又称二级菌丝。

　　微生物具有极强的抗热性、抗寒性、抗盐性、抗干燥性、抗酸性、抗碱性、抗压性、抗缺氧、抗辐射、抗毒物等能力，显示出其抗性的多样性。

　　目前已确定的微生物种数在 10 万种左右，但仍正以每年发现几百至上千个新种的趋势在增加。微生物生态学家较为一致地认为，目前已知的已分离培养的微生物种类，可能还不足自然界存在的微生物总数的 1/100。情形可能确实如此，在自然界中存在着极为丰富的微生物资源。

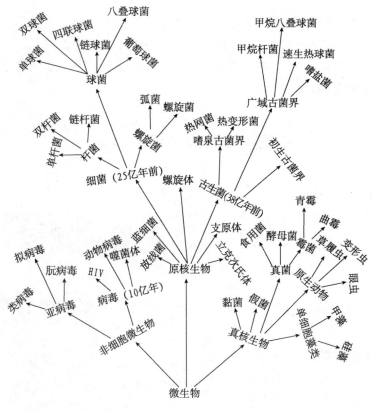

微生物家族族谱

　　自然界中微生物存在的数量往往超出人们的预料。每克土壤中细菌可达几亿个，放线菌孢子可达几千万个。人体肠道中菌体总数可达 100 万亿左右。每克新鲜叶子表面可附生 100 多万个微生物。全世界海洋中微生物的总重量估计达 280 亿吨。从这些数据资料可见微生物在自然界中的数量之巨大。实际上，我们生活在一个充满着微生物的环境中。

在生物系统发育史上，微生物比动植物和人类都要早得多，但由于其个体太小和观察技术问题而发现它们却是最晚的。微生物横跨了生物六界系统中无细胞结构生物病毒界和细胞结构生物中的原核生物界、原生生物界、菌物界，除了动物界、植物界外，其余各界都是为微生物而设立的，范围极为宽广。

微生物在自然界中，除了"明火"、火山喷发中心区和人为的无菌环境外，上至几十千米外的高空，下至地表下几百米的深处，海洋上万米深的水底层，土壤、水域、空气、动植物和人类体内外，都已分布有各种不同的微生物。即使是同一地点同一环境，在不同的季节，如夏季和冬季，微生物的数量、种类、活性、生物链成员的组成等有明显的不同。这些都显示了微生物生态分布的多样性。

◤ 细菌的形状和种类

细菌是一类构造简单的单细胞生物，个体极小，必须用显微镜才能观察得到。它没有成形的细胞核，只有一些核质分散在原生质中，或以颗粒状态存在。所以，科学家们称它们是原核生物。

细菌的种类繁多，而且分布极广，地球上从 1.7 万米的高空，到深度达 1.07 万米的海洋中到处都有细菌的踪影。

凡是与空气接触的物品就会带菌，而细菌遇到有充足养料之处就能很快地生长繁殖。通常动物在出生或孵化前，体内是无菌

拓展阅读

原核生物

原核生物，是没有成形的细胞核或线粒体的一类单细胞生物。20 世纪 70 年代分子生物学的资料表明：产甲烷细菌、极端嗜盐细菌、极端耐酸耐热的硫化叶菌和嗜热菌质体等的 16S rRNA 核苷酸序列，既不同于一般细菌，也不同于真核生物。此外，这些生物的细胞膜结构、细胞壁结构、辅酶、代谢途径、tRNA 和 rRNA 的翻译机制均与一般细菌不同。因而有人主张将上述的生物划归原核生物和真核生物之外的"第三生物界"或古细菌界。

状态的，然而在出生过程或孵化时很快地污染了母体或卵壳上的细菌，因而在极短的时间内，细菌就会布满其全身。这些细菌绝大多数是有益的，比如人和动物肠道中的细菌能协助分解某些食物。动物体内的组织通常是无菌的，除非生病时被病原菌侵入。

动物在孵化前体内是无菌的，然而在出生过程或孵化时很快就被母体或卵壳上的细菌污染

　　细菌不仅种类繁多，它们的长相也各有不同，通常我们依它们的外形把细菌区分为 4 个类群：球状的细菌称为球菌，长圆柱形的称为杆菌，细胞略呈弯曲或弓形的称为弧菌，呈螺旋状的称为螺旋菌。

　　球菌呈球形和近球形。球菌分裂后产生的新细胞常保持一定的排列方式，在分类鉴定上有重要意义。在球菌中，有的独身只影，称为单球菌，如尿素小球菌；有的成双成对，称为双球菌，如肺炎双球菌；有的 4 个菌体连在一起，称为四联球菌，如四联小球菌；有的 8 个菌体叠在

广角镜

球　菌

　　球菌是一种呈球形或近似球形的细菌。根据排列方式不同，可分为单球菌、双球菌、链球菌、四联球菌、八叠球菌和葡萄球菌等。

一起，似"叠罗汉"，称为八叠球菌，如藤黄八叠球菌；有的像一串串珠链，称为链球菌，如乳酸链球菌；也有的菌体不规则地聚集在一起，像一串串葡萄，称为葡萄球菌，如金黄色葡萄球菌等。

　　杆菌细胞呈杆状或圆柱形。各种杆菌的长宽比例上差异很大，有的粗短，有的细长。短杆菌近似球状，长

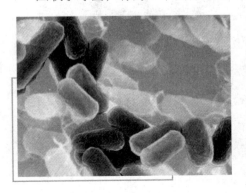

显微镜下的杆菌

杆菌近丝状。有的菌体两端平齐，如炭疽芽孢杆菌；有的两端钝圆，如维氏固氮菌；还有的两端削尖，如梭杆菌属。杆菌细胞常沿一个平面分裂，大多数菌体分散存在，但有的杆菌呈长短不同的链状，有的则呈栅状或"八"字形排列。

也有的细菌细胞弯曲呈弧状或螺旋状。弯曲不足一圈的称弧菌，如霍乱弧菌。弯曲度大于一周的称为螺旋菌。螺旋菌的旋转圈数和螺距大小因种而异。有些螺旋状菌的菌体僵硬，借鞭毛运动，如迂回螺菌。有些螺旋状菌的菌体柔软，借轴丝收缩运动并称为螺旋体，如梅毒密螺旋体。在螺旋菌中，常见的是口腔齿垢中的口腔螺旋体。

拓展阅读

弧 菌

弧菌菌体只有一个弯曲，呈弧状或逗点状，如霍乱弧菌。弧菌属广泛分布于自然界，尤以水中为多，有100多种。主要致病菌为霍乱弧菌和副溶血弧菌（致病性嗜盐菌），前者引起霍乱，后者引起食物中毒。

细菌除上述4种基本形态外，还有其他形态的，如柄细菌属，细胞呈弧状或肾状并具有1根特征性的细柄，可附着于基质上。又如球衣菌属，能形成衣鞘，杆状的细胞呈链状排列在衣鞘内而成为丝状体。此外，还有呈星状的星状菌属、正方形的细菌等。

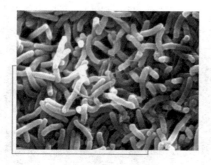

弧 菌

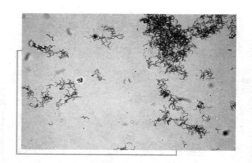

螺旋菌

细菌的结构

如果我们把细菌切开来观察，细菌的最外层是结实的保护层，称为细胞壁，它包裹着整个菌体，使细胞有固定的形状。其主要成分是肽聚糖。

细胞壁的里面是一层薄而柔软的富有弹性的半透膜——细胞膜，它是细胞内外的交换站，控制着细胞内外的物质交换。细胞膜占细胞干重的 10% 左右。细胞膜是由脂类、蛋白质和糖类组成的。

细胞膜的脂类主要为甘油磷脂。磷脂分子在水溶液中很容易形成具有高度定向性的双分子层，相互平行排列，亲水的极性基指向双分子层的外表面，疏水

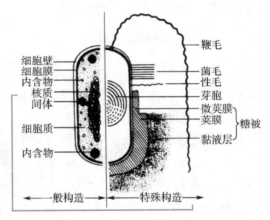

细菌的细胞结构

的非极性基朝内（即排列在组成膜的内侧面），这样就形成了膜的基本骨架。磷脂中的脂肪酸有饱和、不饱和两种，膜的流动性高低主要取决于它们的相对含量和类型，如低温型微生物的膜中含有较多的不饱和脂肪酸，而高温型微生物的膜则富含饱和脂肪酸，从而保持了膜在不同温度下的正常生理功能。

细胞膜中的蛋白质，依其存在位置，可分为外周蛋白、内嵌蛋白两大类。外周蛋白存在于膜的内或外表面，系水溶性蛋白，占膜蛋白总量的 20% ~ 30%。内嵌蛋白又称固有蛋白或结构蛋

拓展阅读

甘油磷脂

甘油磷脂是机体含量最多的一类磷脂，它除了构成生物膜外，还是胆汁和膜表面活性物质等的成分之一，并参与细胞膜对蛋白质的识别和信号传导。

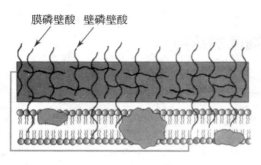

膜磷壁酸 壁磷壁酸

细菌的细胞膜

白，镶嵌于磷脂双层中，多为非水溶性蛋白，占总量的 70% ~ 80%。膜蛋白除作为膜的结构成分之外，许多蛋白质本身就是运输养料的透酶或具催化活性的酶蛋白，在细胞代谢过程中起着重要作用。

细胞质是细胞膜内的物质，除细胞核外皆为细胞质。它无色透明，呈黏胶状，主要成分为水、蛋白质、核酸、脂类，也含有少量的糖和盐类。由于富含核酸，因而嗜碱性强。此外，细胞质内还含有核糖体、颗粒状内含物和气泡等物质。

核糖体亦称核蛋白体，为多肽和蛋白质合成的场所。其化学成分为蛋白质与核糖核酸（RNA）。细菌细胞中绝大部分（约90%）的 RNA 存在于核糖体内。原核生物的核糖体常以游离状态或多聚核糖体状态分布于细胞质中。而真核细胞的核糖体既可以游离状态存在于细胞质中，也可结合于内质网上。

很多细菌在营养物质丰富的时候，其细胞内聚合各种不同的贮藏颗粒，当营养缺乏时，它们又能被分解利用。这种贮藏颗粒可在光学显微镜下观察到，通称为内含物。贮藏颗粒的多少可随菌龄及培养条件不同而改变。

广角镜

细胞质

细胞质又称胞浆，是由细胞质基质、内膜系统、细胞骨架和包含物组成。细胞质包括基质、细胞器和包含物，在生活状态下为透明的胶状物。基质指细胞质内呈液态的部分，是细胞质的基本成分，主要含有多种可溶性酶、糖、无机盐和水等。细胞器是分布于细胞质内、具有一定形态、在细胞生理活动中起重要作用的结构。它包括：线粒体、叶绿体、内质网、内网器、高尔基体、溶酶体、微丝、微管、中心粒等。

某些水生细菌，如蓝细菌、不放氧的光合细菌和盐细菌细胞内贮存气体的特殊结构称气泡。气泡由许多小的气囊组成，气囊膜只含蛋白质而无磷脂。气泡的大小、形状和数量随细菌种类而异。气泡能使细胞保持浮力，从而有助于调节细菌生活在它们需要的最佳水层位置，以利获得氧、光和营养。

　　细菌细胞的核位于细胞质内，无核膜、无核仁，仅为一核区，因此称为原始形态的核或拟核。细菌细胞的原核只有一个染色体，主要含有具有遗传特征的脱氧核糖核酸（DNA）。染色体是由双螺旋的大分子链构成的，一般呈环形结构，总长度为 0.25～3 毫米。一个细菌在正常情况下只有一个核区，而细菌处于活跃生长时，由于 DNA 的复制先于细胞分裂，一个菌体内往往有 2～4 个核区（低速率生长时，则可见 1～2 个核区）。原核携带了细菌绝大多数的遗传信息，是细菌生长发育、新陈代谢和遗传变异的控制中心。

　　在细菌中，除染色体 DNA 外，还存在一种能自我复制的小环状 DNA 分子，称质粒。质粒分子量较细菌染色体小。每个菌体内可有一至数个质粒。不同质粒的基因之间可发生重组，质粒基因与染色体基因也可重组。质粒对细菌的生存并不是必需的，它可在菌体内自行消失，也可经一定处理后从细菌中除去，但不影响细菌的生存。不同的质粒分别含有使细菌具有某些特殊性状的基因，如致育性、抗药性、产生抗生素、降解某些化学物质等。

　　质粒可以独立于染色体而转移，通过接合、转化或转导等方式可从一个菌体转入另一菌体。

拓展阅读

染色体

　　染色体是细胞核中载有遗传信息（基因）的物质，在显微镜下呈丝状或棒状，由核酸和蛋白质组成，在细胞发生有丝分裂时期容易被碱性染料着色，因此而得名。在无性繁殖物种中，生物体内所有细胞的染色体数目都一样。而在有性繁殖物种中，生物体的体细胞染色体成对分布，称为二倍体。性细胞如精子、卵子等是单倍体，染色体数目只是体细胞的一半。哺乳动物雄性个体细胞的性染色体对为 XY；雌性则为 XX。鸟类的性染色体与哺乳动物不同：雄性个体的是 ZZ，雌性个体为 ZW。

因此在遗传工程中可以将细菌质粒作为基因的运载工具，构建新菌株。

　　有些细菌除具有一般结构外，还具有特殊的结构，如荚膜、鞭毛、芽孢。

有些细菌生活在一定营养条件下，可向细胞壁外分泌出一层黏性物质，根据这层黏性物质的厚度、可溶性及在细胞表面存在的状况，可把它们分为荚膜、微荚膜或黏液层。如果这层物质黏滞性较大，相对稳定地附着在细胞壁外，具一定外形，厚约 200 纳米，称为荚膜或大荚膜。它与细胞结合力较差。通过液体振荡培养或离心，可将其从细胞表面除去。荚膜很难着色，用负染色法可在光学显微镜下观察到，即背景和细胞着色，荚膜不着色。

微荚膜的厚度在 200 纳米以下，它与细胞表面结合较紧，用光学显微镜不易观察到，但可采用血清学方法证明其存在。荚膜易被胰蛋白酶消化。

黏液层比荚膜疏松，无明显形状，悬浮在基质中更易溶解，并能增加培养基黏度。

广角镜

荚 膜

某些细菌在细胞壁外包围的一层黏液性物质。荚膜不易着色，可用特殊染色法将荚膜染成与菌体不同的颜色。如用墨汁做负染色，则荚膜显现更为清楚。先用染料染菌体，然后用墨汁将背景涂黑，即负染色法（亦称衬托法）。

通常情况下，每个菌体外面包围一层荚膜。但有的细菌，它们的荚膜物质互相融合在一起成为一团胶状物，称菌胶团，其内常包含有多个菌体。

荚膜产生受遗传特性控制，但并非是细胞绝对必要的结构，失去荚膜的变异株同样正常生长。而且，即使用特异性水解荚膜物质的酶处理，也不会杀死细菌。

荚膜的主要成分因菌种而异，大多为多糖、多肽或蛋白质，也含有一些其他成分。产荚膜的细菌菌落通常光滑透明，称光滑型（S 型）菌落；不产荚膜细菌菌落表面粗糙，称粗糙型（R 型）菌落。

荚膜的主要作用是作为细胞外碳源和能源性贮藏物质，并能保护细胞免受干燥的影响，同时能增强某些病原菌的致病能力，使之抵抗宿主吞噬细胞的吞噬。例如能引起肺炎的肺炎双球菌Ⅲ型，如果失去了荚膜，则成为非致病菌。

某些细菌的细胞表面伸出细长、波曲、毛发状的附属物称为鞭毛。鞭毛细而长，其长度常为细胞的若干倍，最长可达 70 微米，但直径只有 10～20

纳米。因此，用光学显微镜看不见。

细菌鞭毛的数目和着生位置是细菌种的特征。据此，可将有鞭毛的细菌分为 4 类：

（1）一端单鞭毛菌——在菌体的一端只生 1 根鞭毛，如霍乱弧菌。

（2）两端单鞭毛菌——菌体两端各具 1 根鞭毛，如鼠咬热螺旋体。

（3）丛生鞭毛菌——菌体一端生一束鞭毛，如铜绿假单胞菌；菌体两端各具一束鞭毛，如红色螺菌。

拓展阅读

鞭 毛

鞭毛在某些细菌菌体上具有细长而弯曲的丝状物，称为鞭毛。鞭毛的长度常超过菌体若干倍。在某些菌体上附有细长并呈波状弯曲的丝状物，少则 1～2 根，多则数百根。这些丝状物称为鞭毛，是细菌的运动器官。

（4）周生鞭毛菌——周身都有鞭毛，如大肠杆菌、枯草杆菌等。

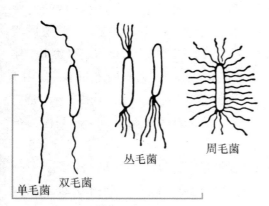

单毛菌　双毛菌

丛毛菌

周毛菌

细胞鞭毛的种类

很多革兰阴性菌及少数阳性菌的细胞表面有一些比鞭毛更细、较短而直硬的丝状体结构，称为菌毛，亦称伞毛或纤毛。菌毛直径 3～7 纳米，长度 0.5～6 微米，有些菌毛可长达 20 微米。菌毛由菌毛蛋白组成，与鞭毛相似，也起源于细胞质膜内侧基粒上。菌毛不具运动功能，也见于非运动的细菌中。因机械因素而失去菌毛的细菌很快又能形成新的菌毛，因此认为菌毛可能经常脱落并不断更新。

菌毛类型很多，根据菌毛功能可将其分成两大类：普通菌毛和性菌毛。普通菌毛可增加细菌吸附于其他细胞或物体的能力。例如肠道菌的 I 型菌毛，它能牢固地吸附在动植物、真菌以及多种其他细胞上，包括人的呼吸道、消化道和泌尿道的上皮细胞上。

菌毛的这种吸附性可能对细菌在自然环境中生活有某种意义。性菌毛是在性质粒（F 因子）控制下形成的，故又称 F – 菌毛。它比普通菌毛粗而长，数量少，一个细胞仅具 1～4 根。性菌毛是细菌传递游离基因的器官，作为细菌接合时遗传物质的通道。现在很多学者趋向于用纤毛表示普通菌毛，而菌毛则多指性菌毛。

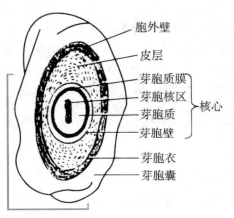

细菌细胞芽孢的结构

某些细菌在其生长的一定阶段，于营养细胞内形成一个圆形或卵圆形的内生孢子，称为芽孢。芽孢是细菌的休眠体。其含水量低，壁厚而致密，对热、干燥、化学药剂的抵抗能力很强。因此，在食品、医药、卫生、工业部门都以杀死芽孢为标准来衡量灭菌是否彻底。芽孢能脱离细胞独立存在，在干燥情况下能活 10 年之久，当条件适宜时，芽孢就发芽长成新的菌体。但是，芽孢并不是细菌繁殖后代的方式，因为 1 个菌体只能产生 1 个芽孢。细菌繁殖后代并不像动物那样是由老子生儿子。它们极为简单，是由 1 个菌体直接平分就变成 2 个，2 个继续平分就变成 4 个。因此，很难分清楚它们谁是老子，谁是儿子。在应用中，把它们的菌体细胞分裂一次叫作繁殖一代。

细菌的繁殖速度一般来说相当快，据科学家计算，按每 20 分钟细菌分裂 1 次计，1 小时后一个细菌可变成 8 个，2 小时就可以变成 64 个，24 小时内可以繁殖 72 代，即 40 多万亿亿个细菌。如果按一个细菌重 1×10^{-13} 克计算，那么，24 小时内一个细菌所形成的菌体重量将是 4000 多吨。当然，这种繁殖速度是我们人为计算出来的。实际上，微生物即便在人工提供的最理想的条件下，也很难维持很长时间。因为随着微生物数量的急剧增加，营养物质很快就会被消耗掉，出现"饥饿"现象。同时，在微生物新陈代谢的过程中，也产生了大量的代谢产物和废物。这些代谢产物和废物达到一定浓度后，就会抑制微生物的生长和繁殖。限于当前的技术条件，我们还不能完全做到及时地供给微生物所需要的营养，也不能及时地把微生物的代谢产物取出来。

有些杆菌和弧菌，在菌体上还能长出很细很长的丝状物，它能帮助菌体运动，我们称它为鞭毛。如果你用牙签挑一点自己的牙垢，在载玻片的一滴水中涂抹一下，放在显微镜下观察，你可以看到许多运动着的细菌，它们不停地向各个方向挤、推、碰，在整个视野中乱窜，很是热闹。只有长鞭毛的细菌才能运动，鞭毛菌运动的速度相当快，可达200 米/秒，相当于菌体长度的50～100 倍。

拓展阅读

菌　体

菌体又叫微生物蛋白、单细胞蛋白。按生产原料不同，可以分为石油蛋白、甲醇蛋白、甲烷蛋白等；按产生菌的种类不同，又可以分为细菌蛋白、真菌蛋白等。1967 年在第一次全世界单细胞蛋白会议上，将微生物菌体统称为单细胞蛋白。

鞭毛是深植于细胞质中的运动器官，由于鞭毛的旋转，可使细菌迅速运动。一般的鞭毛菌，主要在幼龄时可以活跃运动；衰老的细菌，鞭毛易脱落，因而失去运动能力。鞭毛的长度可超过菌体若干倍，而其直径却只有细胞直径的1/20，因此，不经特殊染色，在普通光学显微镜下难以看到。

通常球菌没有鞭毛，杆菌中有的有鞭毛，有的没有鞭毛，有的生长的某一阶段有鞭毛。弧菌和螺菌都有鞭毛。有的细菌不借助于鞭毛运动，如螺旋菌就是借助于细胞中有弹性的轴丝体伸缩而使菌体运动的。

👁️ 细菌的生活

细菌处处为家，无所不在。那么，是不是所有的细菌在任何地方都能安家落户、繁衍后代呢？并非如此。不同的细菌对环境条件的要求是有很大的差别的。例如，对温度的要求，有的细菌在较低的温度下（15℃～18℃）能生长，甚至在－70℃下也能生存。有的细菌则适于在45℃～50℃的温度中生活，某种温泉细菌在90℃的高温下也能够生长。但是，绝大多数细菌的生长适宜温度是20℃～40℃，也就是适合在室温或人的体温环境下生活。

如同动物和植物一样，水分也是细菌细胞的主要成分。在一般情况下，细菌中水分的含量为75%～85%。如果缺少水分，细菌就不能正常生长和繁殖，因此，干燥的环境是不利于细菌生存的。

细菌的身体中除了水分，还含有蛋白质、糖类、脂类、无机盐等多种成分。细菌也必须从外界环境中吸取营养物质，来满足它们生长和繁殖的需要。

有少数细菌像绿色植物一样，不直接从外界获取有机物质，而从外界吸收二氧化碳等无机物作为原料，自己制造有机物。这类细菌叫作自养细菌。

广角镜

无机盐

无机盐即无机化合物中的盐类，旧称矿物质，在生物细胞内一般只占鲜重的1%～1.5%，目前人体已经发现20余种，其中大量元素有钙、磷、钾、硫、钠、氯、镁，微量元素有铁、锌、硒、钼、氟、铬、钴、碘等。虽然无机盐在人体中的含量很低，但是作用非常大，如果注意饮食多样化，少吃动物脂肪，多吃糙米、玉米等粗粮，不要过多食用精制面粉，就能使体内的无机盐维持正常应有的水平。

大多数细菌以类似于动物获取营养物质的方式，直接从外界吸收有机物，供应身体的需要。这类细菌叫作异养细菌。因此，有机物丰富的地方，如肥沃的土壤，各种食物，人和动植物体内外，都是这些细菌生活的好地方。

有些细菌在动物的尸体、粪便和植物的枯枝落叶体上生活，从那里吸取有机物，同时使这些动植物遗体腐败。这样的生活方式叫腐生。

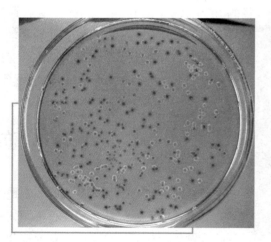

培养皿里的大肠杆菌

有些细菌在活的动植物上生活，从它们身上吸取有机物。有的能使动植物生病。这样的生活方式叫寄生。

乳酸菌

乳酸菌指发酵糖类主要产物为乳酸的一类无芽孢、革兰染色阳性细菌的总称。凡是能从葡萄糖或乳糖的发酵过程中产生乳酸的细菌统称为乳酸菌。这是一群相当庞杂的细菌，目前至少可分为 18 个属，共有 200 多种。除极少数外，其中绝大部分都是人体内必不可少的且具有重要生理功能的菌群，其广泛存在于人体的肠道中。目前已被国内外生物学家所证实，肠内乳酸菌与健康长寿有着非常密切的关系。

动物和人离开了氧气就要死亡，细菌可不都是这样。有的细菌只能在没有氧气的情况下生活，叫作专性厌氧菌。平时，在家庭中制作泡菜所利用的是一种乳酸杆菌，它就是专性厌氧菌。制作泡菜时，必须避免空气进入，这是为了防止氧气阻碍乳酸菌的活动。

还有一些细菌，在没有氧气的情况下能活动，在有氧气的情况下也能活动，这样的细菌叫兼性厌氧菌。生活在人和动物肠道中的大肠杆菌，就是这样的细菌。

许多细菌的生活是离不开氧气的，没有了氧气，它们就会死亡，这样的细菌叫需氧菌。土壤中的许多细菌就是需氧菌，它们能把土壤中的动物尸体、植物的残根落叶转变成肥料。对农田、菜地和花园的土壤，要经常松土，使它通气良好，有利于需氧菌的活动，才能提高土壤肥力，供给植物更多的营养。

▶ 细菌的繁殖

把一块馒头泡在水里，放在温暖的地方。过了 1～2 天，馒头有了馊味，有一小部分变黏了，这说明上面有了细菌；再过 2～3 天，变黏的部分扩大了，也许整块馒头都黏了，这说明细菌增多了。那么，细菌是如何增多的？

原来，细菌和动植物一样，也能繁殖后代。但是，它们繁殖的方式非常

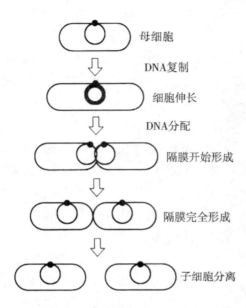

母细胞

⇩ DNA复制

细胞伸长

⇩ DNA分配

隔膜开始形成

⇩

隔膜完全形成

⇩

子细胞分离

细菌的分裂生殖

简单：1个细菌长大成熟了，就从中间裂开，变成2个。以后，以同样的方式，2个可以变成4个。这种生殖方式叫分裂生殖。

在动物和植物的繁殖上，它们总会把自己的一些性状传给后代，这就叫遗传。细菌的繁殖也具有遗传性：球菌分裂生殖后，产生的后代还是球菌；杆菌的后代仍是杆菌；专性厌氧菌分裂生殖产生的后代，在有氧的条件，仍不能生存；而需氧菌的后代，必须有氧才能生存。

动植物下一代的性状与它们的亲代不完全相同，它们相互之间也有差别，这就叫变异。细菌的后代也同样会发生变异。人们在医疗中，如果长期使用某种药物，就会使致病的细菌产生抗药性。在现代生物技术中，人们可以用人工的方法改变细菌的性状。这些都是细菌变异的例子。

知识小链接

厌氧菌

厌氧菌是一类在无氧条件下比在有氧环境中生长好的细菌，而不能在空气（18%氧气）和（或）10%二氧化碳浓度下的固体培养基表面生长的细菌。这类细菌缺乏完整的代谢酶体系，其能量代谢以无氧发酵的方式进行。它能引起人体不同部位的感染，包括阑尾炎、胆囊炎、中耳炎、口腔感染、心内膜炎、子宫内膜炎、脑脓肿、心肌坏死、骨髓炎、腹膜炎、脓胸、输卵管炎、脓毒性关节炎、肝脓肿、鼻窦炎、肠道手术或创伤后伤口感染、盆腔炎以及菌血症等。

⤵ 细菌的变异

对所有生物而言，变异是它们共同的生命特征。细菌亦是一种生物，所以其也存在变异性。变异可使细菌产生新变种，变种的新特性靠遗传得以巩固，并使物种得以发展与进化。

细菌的变异分为遗传性与非遗传性变异，前者是细菌的基因结构发生了改变，如基因突变或基因转移与重组等，所以又称基因型变异；后者是细菌在一定的环境条件影响下产生的变异，其基因结构未改变，所以称其为表型变异。

相对而言，基因型变异常发生于个别的细菌，不受环境因素的影响，变异发生后是不可逆的，产生的新性状可稳定地遗传给后代。而表型变异易受到环境因素的影响，凡在此环境因素作用下的所有细菌都出现变异，而且当环境中的影响因素去除后，变异的性状又可复原，表型变异不能遗传。

细菌的变异主要体现为形态结构的变异、毒力变异、耐药性变异和菌落变异几种。

拓展阅读

鼠疫杆菌

鼠疫杆菌属于耶尔森氏菌属，是引起烈性传染病鼠疫的病原菌。也是帝国主义使用的致死性细菌战剂。鼠疫杆菌为短小的革兰阴性球杆菌，新分离株以美兰或姬姆萨染色，显示两端浓染，有荚膜（或称封套）。鼠疫杆菌为需氧及兼性厌氧菌，而且对外界抵抗力强，在寒冷、潮湿的条件下，不易死亡。

细菌的大小和形态在不同的生长时期可不同，生长过程中受外界环境条件的影响也可发生变异。如鼠疫杆菌在陈旧的培养物上，可从典型的两极浓染的椭圆形小杆菌变为多形态性，如球形、酵母样形、哑铃形等。

细菌的一些特殊结构，如荚膜、芽孢、鞭毛等也可发生变异。肺炎链球菌在机体内或在含有血清的培养基中初分离时可形成荚膜，致病性强，经传代培养后荚膜逐渐消失，致病性也随之减弱。将有芽孢的炭疽芽孢杆菌在 42℃培养 10～20 天后，可失去形成芽孢的能力，同时毒力也会相应减弱。将有鞭毛的普通变形杆菌点种在琼脂平板上，由于鞭毛的动力使细菌在平板上弥散生长，称迁徙现象。若将此菌点种在含 1% 石炭酸的培养基上，细菌失去鞭毛，只能在点种处形成不向外扩展的单个菌落。

细菌的毒力变异包括毒力的增强或减弱。无毒力的白喉棒状杆菌常寄居在咽喉部，不致病；当它感染了 β－棒状杆菌噬菌体后变成溶原性细菌，则获得产生白喉毒素的能力，引起白喉。有毒菌株长期在人工培养基上传代培养，可使细菌的毒力减弱或消失。如卡密特曾将有毒的牛分枝杆菌在含有胆汁的甘油、马铃薯培养基上，经过 13 年，连续传 230 代，终于获得了一株毒力减弱但仍保持免疫原性的变异株，即卡介苗。

细菌对某种抗菌药物由敏感变成耐药的变异称耐药性变异。从抗生素广泛应用以来，细菌对抗生素耐药的不断增长是世界范围内的普遍趋势。有些细菌还表现为同时耐受多种抗菌药物，即多重耐药性，甚至还有的细菌变

拓展阅读

抗原性

抗原刺激机体产生免疫应答的能力。抗原性的强弱与抗原分子的大小、化学成分、抗原决定簇的结构、抗原与被免疫动物亲缘关系的远近等有密切关系。通常认为抗原的分子量愈大、化学组成愈复杂、立体结构愈完整以及与被免疫动物的亲缘关系愈远，则抗原性愈强。抗原的物理状态也对抗原性发生影响，例如蛋白质，聚合状态的比单体的抗原性强，一般球形分子的比纤维形分子的抗原性强。抗原加入佐剂改变物理状态后，抗原性也得到增强。例如，分子量高达 10 万的明胶由于缺乏苯环氨基酸，稳定性较差，在进入机体后容易被酶降解成低分子物质，如果加入少量酪氨酸（苯环氨基酸），就能增强其抗原性。

异后产生对药物的依赖性，如痢疾志贺菌赖链霉素株，离开链霉素则不能生长。

细菌的菌落主要有光滑型（S 型）和粗糙型（R 型）两种。光滑型菌落表面光滑、湿润、边缘整齐。细菌经人工培养多次传代后菌落表面变为粗糙、

干燥、边缘不整，即从光滑型变为粗糙型，称为 S－R 变异。S－R 变异常见于肠道杆菌。变异时不仅菌落的特征发生改变，而且细菌的理化性状、抗原性、代谢酶活性、毒力等也发生改变。

◖▶ 细菌的食物来源

细菌不仅无口，而且也不具备任何消化食物的器官，但它却具有生物体都有的新陈代谢作用。它和其他生物一样，不停地从外界吸取所需要的营养物质，用来组成自己的身体。同时，将自身的一部分物质加以分解，并将产生的最终产物排出体外。

那么，微生物都是如何摄取营养物质的呢？可以说，绝大多数微生物是以其整个身体或细胞直接接触营养物质的，对营养物质的吸收主要是细胞壁和细胞质膜在起作用。细胞壁的结构有孔隙，在其孔隙大小允许的范围内一切物质可以自由出入，如水和无机盐等，说明细胞壁对物质没有选择性。

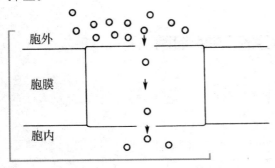

胞外

胞膜

胞内

细菌质膜的扩散吸收过程

真正控制物质进出的"关卡"是它的细胞质膜。细胞质膜只允许自己所需要的物质进入细胞，拒绝不利于自身生长的物质进入细胞。同时它对不同的营养物质采取不同的吸收方式，如对水、二氧化碳、氧气等小分子物质是靠扩散，这种扩散的动力是细胞内外物质的浓度差异，经细胞质膜而进入细胞。另外一些物质是靠酶起作用的，这种酶叫透性酶。它在膜的外表面时可以与环境中的物质结合，当把物质转运到膜内时，又将这些物质解离下来，这个过程并不消耗生物能，称为辅助性扩散。如细菌吸收甘油等都是靠这种方式。

另外，细菌还可以积极主动地吸收营养，也就是说，当它身体需要某些营养物质时，虽然这种物质在细胞内的浓度已经远远高于环境中的浓度，但细胞仍然能够从环境中吸取，以满足自身的需要。

细菌的这种"本领"不仅要靠酶的帮助，而且还要消耗能量。例如大肠杆菌在以乳糖作碳源时，细胞内比环境的乳糖高 500 倍，仍有乳糖进入细胞。乳糖在体内高度累积，是

拓展阅读

乳 糖

乳糖是二糖的一种，是在哺乳动物乳汁中的双糖，因此而得名。它的分子结构是由一分子葡萄糖和一分子半乳糖缩合形成。味微甜，牛乳中约含乳糖 4%，人奶中含 5% ~7%。工业中从乳清中提取，用于制造婴儿食品、糖果、人造牛奶等。医学上常用作矫味剂。

依赖于 β-半乳糖苷渗透酶，同时消耗代谢能量完成的。能量主要用来降低乳糖在细胞膜内与渗透酶的亲和力，使乳糖在细胞内释放，供微生物利用。

此外，还有很多细菌利用吞噬作用来摄取营养物质。

无所不在的细菌

细菌分布广泛，无论是陆地、水域、空气，还是动物、植物以及人体的外表和外界相通的腔道中都有细菌存在。

在自然界，土壤是细菌良好的生活场所。因为土壤具有细菌生长、繁殖所需要的各种环境条件，所以土壤中的细菌不仅数量大，而且种类多，几乎各种已知的种类都有。地表和地下都有细菌，距地面 3 ~25 厘米深的土壤中细菌数量最多；在土壤表层，由于阳光的照射和水分减少的原因，细菌的数量较少。

一般来说，大多数土壤中的细菌对人类是有利的，在自然界的物质循环中起重要作用。但是，土壤中也有来自传染病患者排泄物，死于传染病的人畜尸体和正常人和动物排泄物及生活垃圾中的病原菌。这些致病菌大多数在

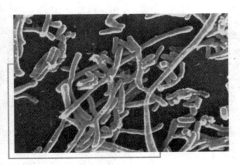

破伤风梭菌

土壤中很快死亡，只有能形成芽孢的细菌，在形成芽孢后，可存活几年或几十年，如破伤风梭菌、炭疽芽孢杆菌等。在治疗被泥土污染的创伤时，要特别注意预防破伤风病和气性坏疽病的发生。

自然环境的水中都存在细菌，不同水源中细菌的种类和数量差异较大。水中的细菌多来自土壤、空气、人和动物排泄物，以及人和动物尸体等。如水中发现有病原菌，即表明水被土壤或粪便污染。常见的病原菌有伤寒杆菌、痢疾杆菌、霍乱弧菌等消化道传染病的细菌。因此，保证饮水卫生，在控制和消灭消化道传染病方面具有重要意义。

空气中缺少细菌生长所需的营养和水分，并受日光照射，不适应细菌的生长繁殖。但由于人和动物的呼吸道不断排出细菌，土壤中的细菌随尘土飞扬在空气中，因此空气中可存在不同种类的细菌。常见的病原菌有金黄色葡萄球菌、乙型溶血性链球菌、结核分枝杆菌、肺炎链球菌等，可引起呼吸道传染病或伤口感染。

同时，空气中还存在着大量的非病原菌，其主要来自手术室、病房、制剂室、细菌接种室等地方。

广角镜

病原菌

一种引起疾病的微生物，比如病毒或细菌。病原微生物又可称为病原菌，是指能入侵宿主引起感染的微生物，有细菌、真菌、病毒等。病原菌为什么会使人生病呢？是因为它们能产生致病物质，造成宿主感染。如果不产生致病物质，就是非病原菌。至于正常菌群，当与宿主处于生态平衡状态时，它们并不引起机体的感染，故属于非病原菌范畴。但是，在特定条件下，因为菌群失调、宿主免疫功能低下或菌群寄居部位改变造成了生态失调状态，正常菌群也能引起感染，这样它们又应看成病原菌。为此，将这些正常菌群称为条件性病原菌或机会性病原菌，意思是在特殊条件下或遇到合适机会时，它们也可以具有病原菌的特性，造成人类感染性疾病。

乳酸杆菌

乳酸杆菌是指能使糖类发酵产生乳酸的细菌，酸牛奶中有此菌。是一群生活在机体内益于宿主健康的微生物，它维护人体健康和调节免疫功能的作用已被广泛认可。乳酸杆菌属乳酸杆菌科，因发酵糖产生大量乳酸而命名。其存在广泛，嗜酸性，最适合 pH5.5～6.0，在 pH3.0～4.5 中仍然能生存，在无芽孢杆菌中其耐酸力最强。肠道乳酸杆菌可分解糖产酸，抑制致病菌及腐败菌的繁殖；乳酶生即由活的乳酸杆菌制成，可治疗消化及腹泻；酸牛奶中的乳酸杆菌也有抑制肠道致病菌的作用；龋齿活动状态与唾液乳酸液杆菌计数之间有明确的相互关系；健康女性阴道内的乳酸杆菌维持阴道微生态平衡，防御生殖道感染。

另外，人的身体上也存在着大量的细菌。每个人的身体上大约有 1000 种不同的细菌，它们分布在皮肤、口腔、呼吸道、胃肠道以及泌尿生殖道的上皮细胞表面。但是，人体内脏器官组织及血液是无菌的。

皮肤上最常见的细菌是革兰阳性菌，其中以表皮葡萄球菌为多见，有时可见金黄色葡萄球菌、铜绿假单胞菌的存在。当皮肤受损时，这些细菌可趁机侵入，引起化脓性感染。

口腔中常见的细菌有各种球菌、乳酸杆菌、类白喉杆菌等。它们有的可以分解食物中的糖类，但产生的有机酸也可以导致牙齿的损害。

正常的支气管末梢和肺泡是无菌的。上呼吸道的鼻前庭、鼻咽部以及气管的黏膜上有葡萄球菌、链球菌、肺炎链球菌、类白喉杆菌等。

知识小链接

白喉杆菌

白喉杆菌是引起小儿白喉的病原菌，属于棒状杆菌属。棒状杆菌种类较多，包括白喉杆菌和类白喉杆菌。类白喉杆菌为非致病菌，常见的有假白喉杆菌、结膜干燥杆菌、溃疡杆菌和痤疮杆菌等。

胃肠道中所含细菌因部位不同而异。在胃中，细菌较少，主要由链球菌和乳酸杆菌组成。小肠除胃中的细菌外，还存在双歧杆菌、粪肠球菌、拟杆菌、

拓展阅读

菌群失调症

　　菌群失调症由于宿主、外环境的影响，导致机体某一部位的正常菌群中各种细菌出现数量和质量变化，原来在数量和毒力上处于劣势的细菌或耐药菌株居于优势地位，在临床上发生菌群失调症或称菌群交替症。关于正常肠道菌群的恢复，轻型病例停用抗生素后任其自行恢复即可。严重病例可口服乳酸杆菌制剂（如乳酶生、乳酸菌素片）、维生素 C 及乳糖、蜂蜜、麦芽糖等以扶植大肠杆菌；口服叶酸、复合维生素 B、谷氨酸及维生素 B_{12} 以扶植肠球菌。

对人的健康无损害的各种细菌，我们将其称为正常菌群或正常菌丛。这些细菌，有些只是暂时停留；而有些与人类长期相互适应以后，形成与人类伴随终生的共生关系。

　　正常菌群不仅与人体保持平衡状态，而且菌群之间也相互制约，以维持相对的平衡。在这种状态下，正常菌群发挥其营养、颉颃、免疫等生理作用。

　　当某些因素破坏了人体与正常菌群之间的平衡，正常菌群中各种细菌的数量和比例发生变化时，将这种情况称为菌群失调。如果菌群失调没有得到有效

大肠杆菌等。大肠中附着细菌约占肠腔内固体成分的 55%，已从大肠中分离出近 500 种细菌，常见的约有 40 种，其中 90% 以上是专性厌氧菌。

　　正常情况下，仅在泌尿生殖器外部有细菌存在。如尿道末端常有葡萄球菌、乳酸杆菌和大肠杆菌。女性阴道内细菌的种类随内分泌变化而异。从月经初潮至绝经期，阴道内主要是乳酸杆菌类；而月经初潮前及绝经期后的妇女，阴道内主要有葡萄球菌、甲型链球菌、类白喉杆菌、大肠杆菌等。

　　在正常条件下，人体体表以及与外界相通的腔道经常存在着

正常情况下，正常菌群与人体保持平衡状态

控制，那么就会出现临床症状，引起二重感染，这被称为菌群失调症。

当人体各部位的正常菌群离开原来的寄居场所进入身体的其他部位，或当机体有损伤和抵抗力降低时，原来为正常菌群的细菌也可引起疾病，因此，称这些细菌为条件致病菌或机会致病菌。

细菌喜欢的场所

化妆品是人们用来滋润皮肤和保护机体的日用品。化妆品更为女性所喜爱，然而，当你以芬芳的化妆品进行浓妆艳抹时，怎会想到这些膏霜实际上也是许多细菌的良好培养基呢？

根据化妆品的性质和用途，可分为膏霜类、头发用品类、修饰用品类等。属于膏霜类的如雪花膏、奶液等；属于头发用品类的如发乳、洗头膏、染发剂等；属于修饰用品类的如唇膏、胭脂等。作为这些化妆品的原料，有动物、植物性的有机物，也有各种无机物。这些原料中含有很多微生物生长所需要的碳源、氮源、水分和微量元素。这也就是细菌为什么喜欢藏身于此处的原因了。

拓展阅读

微量元素

微量元素是相对主量元素（大量元素）来划分的，根据寄存对象的不同可以分为多种类型，目前较受关注的主要是两类，一种是生物体中的微量元素，另一种是非生物体中（如岩石中）的微量元素。

另外，如果制造工艺不卫生，机械设备和包装容器被污染，生产环境不清洁，或者原料本身就带菌，在这样的情况下，只要温度适宜，污染的细菌就会迅速生长繁殖，致使膏霜变质，乳化性被破坏，透明液状制品变浑浊，同时产生异味，发生变色。

随着许多高级营养性护肤膏等化妆品纷纷出现，如在化妆品的膏霜中添加了珍珠粉、人参汁、蜂皇浆等物质，无疑，它对滋润皮肤和增生细胞起到了良好的作用。也正因为它们的营养丰富，微生物也就更加"喜爱"了，污染它的细菌种类和数量就更多了，因此，使用时更应特别注意才是。

下列是细菌最容易藏身的一些地方：

真空吸尘器——50% 的真空吸尘器被测出含有大肠杆菌等细菌。由于细菌在真空环境中能存活 5 天，因此，每次用完吸尘器后，应该往吸尘器的刷子上喷些消毒水。

运动手套——葡萄球菌非常"留恋"聚酯，而很多运动手套中含有聚酯，当人们抓起举重杠铃时，细菌就会乘虚而入到眼睛、鼻子和嘴里。因此，最好少戴手套，必须戴手套时，要提前准备消毒纸巾和洗手液。

知识小链接

葡萄球菌

葡萄球菌是一群革兰阳性球菌，因常堆聚成葡萄串状，故名。多数为非致病菌，少数可导致疾病。葡萄球菌是最常见的化脓性球菌，是医院交叉感染的重要来源，菌体直径约 $0.8\mu m$，小球形，但在液体培养基的幼期培养中，常常分散，细菌细胞单独存在。

超市手推车——2/3 超市手推车的把手上都有粪便细菌，甚至比普通公共浴室的都多。因此，使用前要用消毒纸巾擦拭把手。

健身器械——健身中心 63% 的器械都携带鼻病毒，这种病毒是导致感冒的罪魁祸首。因此，健身时应避免触摸面部。

饭店菜单——菜单人人都看，因此极易传播各种病菌。在浏览菜品时不要让菜单接触餐盘，点完菜后应立即洗手。

飞机上的卫生间——飞机上的卫生间从水龙头表面到门把手，到处布满了大肠杆菌和导致感冒的致病菌。因此，乘飞机时传染上感冒的概率比平时要高 100 倍。

卧室的床——有些微生物寄生在床单上，以人的死皮为食，其排泄物和尸体很容易引起哮喘或过敏。

饮品中的柠檬片——放在餐馆玻璃杯中的柠檬片，近 70% 含有可致病性细菌，其中包括大肠杆菌和其他能引起腹泻的细菌。因此，尽量不要在餐馆

大多数超市手推车的把手上都有粪便细菌

的饮品中加水果。

隐形眼镜盒——34% 的眼镜盒上布满了沙雷菌、葡萄球菌等细菌，这些微生物易引起角膜炎。可以每天用热水清洗眼镜盒。一项研究发现，隐形眼镜洗液使用 2 个月后就会失去大部分抗菌能力。因此，应该每隔 1 个月买一瓶新洗液，即使原来的那瓶还没有用完。

浴帘——肥皂泡挂在浴帘上不只是不美观。一项研究发现，用塑料制成的浴帘更容易滋生细菌，繁殖大量病原体，例如鞘氨醇单胞菌和甲基杆菌。而淋浴喷雾的力量更会使细菌播散到其他地方。因此，最好选用毛料浴帘，也容易清洗，保证每月清洗一次。

🔍 生物因素对细菌的影响

在自然界中，细菌与细菌之间，细菌与动植物之间存在着共生和颉颃的关系。我们可以利用生物之间的颉颃作用，使用某些细菌的代谢产物、植物成分等抑制或杀灭病原性细菌，以防治传染病。其主要包括抗生素、噬菌体、中草药等。

（1）抗生素，是由放线菌、真菌或细菌等微生物在代谢过程中产生，并能抑制或杀灭其他微生物的有机化合物。

抗生素的种类很多，有些已能人工合成，其抗菌机制主要有以下几种：①抑制细胞壁的合成，如青

金银花

霉素、头孢霉素、杆菌肽等。②增加细胞膜的通透性，抑制细胞膜的运输功能，如制霉菌素、多黏菌素等。③抑制细菌蛋白质的合成，如氯霉素、四环素、庆大霉素、卡那霉素等。④抑制细菌核酸的合成，如新生霉素、争光霉素等。

抗生素在临床上广泛的应用，在治疗传染病上起到了积极作用，但病原菌的耐药菌株日益增多。从患者标本中分离细菌做药物敏感试验，以选用对致病菌敏感的抗生素治疗，是减少耐药菌株和提高抗生素疗效的有效措施之一。

（2）噬菌体是寄生于细菌的病毒，具有一定的形态结构和严格的寄生性，需在活的易感细胞内增殖，并常将细菌裂解。

（3）临床实践和实验研究都证明，很多中草药有抑菌、杀菌作用，如黄连、黄芩、连翘、金银花等，不仅对多种细菌有抗菌作用，而且对某些抗生素耐药菌株也有抗菌效果。

◆拓展阅读▶

新生霉素

新生霉素是香豆素类抗生素的代表药物，对 DNA 回旋酶有很好的抑制作用，对多种癌细胞有抑制作用，并能与抗癌药联合应用，逆转抗癌药的耐药性。主要用于耐药性金葡菌引起的感染，如肺炎、败血症等，对严重感染疗效较差。易引起细菌耐药性，故宜和其他抗菌药物配伍应用。

◣ 细菌的致病性

细菌的致病性是指细菌能引起感染的能力。细菌的感染是指在固定条件下，细菌侵入宿主机体后，与宿主机体相互作用引起不同程度的病理过程。感染又称传染。

细菌的致病性是对特定宿主而言的，有的仅对人类有致病性，有的只对某些动物有致病性，有的则对人类和动物都有致病性。不同病原菌对宿主可引起不同程度的病理过程和导致不同的疾病，例如伤寒沙门菌感染引起人类伤寒，而结核分歧杆菌则引起结核病，这是由细菌种属特性决定的。

沙门菌的发现者西奥博尔德·史密斯

我们通常把病原菌的致病性强弱程度，称为细菌的毒力。各种病原菌的毒力是不太一致的，即使同种细菌也因菌型或菌株的不同而有差异，毒力常用半数致死量或半数感染量表示，即在一定时间内，通过指定的感染途径，能使一定体重或年龄的某种实验动物半数死亡或感染所需要的最小细菌数或毒素量。因此，致病性是质的概念，毒力是量的概念。

病原菌侵入机体能否致病，与细菌的毒力、侵入机体的数量、侵入门户以及机体的免疫力、环境因素等密切相关。

知识小链接

免疫力

免疫力是人体自身的防御机制，是人体识别和消灭外来侵入的任何异物（病毒、细菌等），处理衰老、损伤、死亡、变性的自身细胞以及识别和处理体内突变细胞和病毒感染细胞的能力。现代免疫学认为，免疫力是人体识别和排除"异己"的生理反应。人体内执行这一功能的是免疫系统。数百万年来，人类生活在一个既适合生存又充满危险的环境，人类得以存续，也获得了非凡的免疫力。所以说免疫力是生物进化过程的产物。

细菌的毒力指的是构成细菌毒力的物质基础是侵袭力和毒素，但有的病原菌的毒力物质迄今尚未清楚。

病原菌突破宿主机体某些防御功能，进入机体并在体内定植、繁殖和扩散的能力，称为侵袭力。侵袭力包括菌体表面结构和侵袭性酶。

菌体表面结构主要包括黏附素和荚膜。

细菌黏附于宿主体表或呼吸道、消化道、泌尿生殖道等黏膜上皮细胞是引起感染的首要条件。黏附作用可使细菌抵抗黏液的冲刷、呼吸道纤毛运动、肠蠕动、尿液冲洗等，进而在局部定植、繁殖，产生毒素或继续侵入细胞、组织引起感染。细菌的黏附作用是由黏附素决定的，黏附素是位于细菌细胞表面的特殊蛋白质。一类由细菌菌毛分泌，如由大肠杆菌 I 型菌毛、淋病奈瑟菌菌毛分泌；另一类为非菌毛黏附素，如 A 群链球菌的脂磷壁酸。

黏附作用具有组织特异性，如淋病奈瑟菌黏附于泌尿生殖道；志贺菌黏附于结肠黏膜，此与宿主靶细胞表面的受体有关。动物实验证明抗菌毛抗体有预防疾病的作用。菌毛疫苗已用于兽医上的预防接种。

细菌荚膜本身没有毒性，但它具有抗吞噬作用和抗体液中杀菌物质的作用，使病原菌在宿主体内迅速繁殖，产生病变。有荚膜细菌失去荚膜后其致病力随之减弱，如有荚膜的肺炎球菌只需数个可杀死一只小鼠，而失去荚膜后的则需数亿个才能产生同样效果。有的细菌有微荚膜，如金黄色葡萄球菌的 A 蛋白、A 群链球菌的 M 蛋白、伤寒沙门菌的 Vi 抗原、某些大肠杆菌的 K 抗原等，都具有荚膜的功能。

侵袭性酶属胞外酶，一般不具有毒性，但能在感染过程中协助病原菌抗吞噬或扩散。如金黄色葡萄球菌产生的血浆凝固酶，能使血浆中液态纤维蛋白原变成固态的纤维蛋白，围绕在细菌表面，因而可抗宿主吞噬细胞的吞噬作用；A 群链球菌产生的透明质酸酶、链激酶、链道酶，能降解细胞间质的透明质酸，溶解纤维蛋白，消化脓液高黏性的 DNA 等，都有利于病原菌在组织中扩散。

拓展阅读

外毒素

外毒素是指某些病原菌生长繁殖过程中分泌到菌体外的一种代谢产物，为次级代谢产物。其主要成分为可溶性蛋白质。许多革兰阳性菌及部分革兰阴性菌等均能产生外毒素。外毒素不耐热、不稳定、抗原性强，可刺激机体产生抗毒素，可中和外毒素，用作治疗。

此外，致病性球菌产生的杀白细胞素、溶血素能杀死或溶解吞噬细胞等，结核分歧杆菌的胞壁成分，如硫酸脑苷脂能抑制巨噬细胞溶酶体与吞噬体融合。

细菌毒素按来源、性质和作用的不同，可分为外毒素、内毒素两种。

外毒素是某些细菌在代谢过程中产生并分泌到菌体外的毒性物质。主要由革兰阳性菌的破伤风梭菌、肉毒梭菌、产气荚膜梭菌、白喉棒状杆菌、金黄色葡萄球菌、A 群链球菌等产生，某些革兰阴性菌的痢疾志贺菌、鼠疫叶尔辛菌、霍乱弧菌、产毒性大肠杆菌、铜绿假单胞菌等也能产生。大多数外毒素是在细菌细胞内合成并分泌至细胞外，但也有少数存在于菌体内，待菌体溶解后才释放，如痢疾志贺菌和产毒性大肠杆菌产生的外毒素。

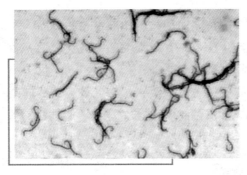

产气荚膜梭菌

外毒素的化学成分是蛋白质，其性质不稳定，不耐热，易被热、酸、蛋白酶分解破坏，如破伤风外毒素加热 60℃ 持续 20 分钟即破坏，但葡萄球菌肠毒素例外，能耐 100℃ 持续 30 分钟。经 0.3% 的甲醛处理后可失去毒性而保留抗原性，成为类毒素。

类毒素和外毒素抗原性强，可刺激机体产生能中和外毒素毒性的抗体，即抗毒素。类毒素和抗毒素可防治某些传染病，前者用于预防接种，后者用于治疗和紧急预防。

外毒素毒性极强，极少量即可使易感动物死亡，如 1 毫克纯化肉毒梭菌外毒素能杀死 2 亿只小鼠，毒性是氰化钾（KCN）的 1 万倍，是目前已知的最剧毒的毒物。各种外毒素对机体组织器官的作用有高度选择性，每种外毒素只能与特定的组织细胞受体结合，引起特殊病变。如肉毒毒素能阻断胆碱能神经末梢释放乙酰胆碱，引起肌肉松弛性麻痹；破伤风痉挛毒素主要与中枢神经系统抑制性突触结合，阻断抑制性介质释放，引起骨骼肌强直性痉挛收缩。

多数外毒素由 A、B 两个亚单位组成。A 亚单位是毒素的活性部分，即毒性中心，决定毒素的毒性效应；B 亚单位无毒，能与宿主靶细胞特殊受体结合，介导 A 亚单位进入靶细胞。单独的亚单位对宿主无致病作用。因此，外毒素分子结构的完整性是致病的必要条件。

根据对靶细胞的亲和性及作用机制不同，外毒素可分为神经毒素、细胞毒素和肠毒素三大类。

内毒素是革兰阴性菌细胞壁中的一种叫脂多糖的成分。只有当细菌死亡裂解或人工破坏菌体后才能释放出来。螺旋体、衣原体、支原体、立克次体等细胞壁中也有内毒素样物质，具有内毒素活性。

内毒素的化学成分为脂多糖（LPS），LPS 由特异性多糖、非特异性核心多糖、脂质 A 三部分组成。

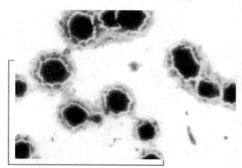

支原体

它极其耐热，需加热160℃持续 2～4 小时或用强碱、强酸或强氧化剂煮沸 30 分钟才能破坏。用甲醛处理后不能成为类毒素。内毒素注射机体产生相应抗体，但中和作用较弱。

内毒素主要毒性成分是脂质 A。不同革兰阴性菌脂质 A 的化学组成虽有差异，但基本相似。因此不同革兰阴性菌感染时，其内毒素对机体组织器官的选择性不强，引起的病理变化和临床表现大致相似。

极微量的内毒素入血即可引起发热反应。其机制是细菌内毒素作为外源性致热原作用于吞噬细胞，使之产生内源性致热原，作用于机体下丘脑体温调节中枢引起发热。

内毒素能使大量白细胞黏附于微血管壁，引起循环血液中白细胞减少，继之白细胞增多，12～24 小时达高峰。这是脂多糖诱生中性粒细胞释放因子刺激骨髓，释出大量中性粒细胞入血所致。

当血液或病灶内细菌释放大量内毒素入血，即导致内毒素血症。内毒素作用于巨噬细胞、中性粒细胞、血小板、补体系统、激肽系统等，诱生前列腺素、激肽等生物活性介质，使小血管功能紊乱而造成微循环障碍，表现为有效循环血量剧减、低血压、重要组织器官的血液灌注不足、缺氧、酸中毒等，严重时导致以微循环衰竭和低血压为特征的内毒素休克。

内毒素和外毒素的主要区别

区别要点	外毒素	内毒素
产生菌	多数革兰阳性菌，少数革兰阴性菌	全部为革兰阴性菌
存在部位	多数活菌分泌出，少数菌裂解后释出	细胞壁组分，菌裂解后释出
化学成分	蛋白质	脂多糖
稳定性	60℃半小时被破坏	160℃持续2～4小时被破坏
毒性作用	强，对组织细胞有选择性毒害效应，引起特殊临床表现	较弱，各菌的毒性效应相似，引起发热、白细胞增多、微循环障碍、休克等
免疫原性	强，刺激宿主产生抗毒素，甲醛液处理后脱毒成类毒素	弱，甲醛液处理不形成类毒素

　　细菌感染的发生，除病原菌必须具有一定毒力外，还需有足够的侵入数量。所需菌量多少与病原菌毒力强弱和机体免疫力高低有关。一般细菌毒力愈强，引起感染所需菌量愈小，反之需菌量大。如鼠疫叶尔辛菌毒力强，在无特异性免疫机体中，有数个细菌侵入即能引起鼠疫；而毒力弱的沙门菌，则需摄入数亿个细菌才能引起急性胃肠炎。

　　具有一定毒力和数量的病原菌通过特定的侵入门户，才能引起机体感染。病原菌大多具有一种特定的侵入门户，如破伤风梭菌的芽孢，必须侵入缺氧的深部创口才能致病；志贺菌须经消化道侵入引起细菌性痢疾。也有一些病原菌可有多种侵入门户，如结核分歧杆菌可经呼吸道、消化道、皮肤创伤等多个门户引起感染。病原菌有特定的侵入门户，

广角镜

急性胃肠炎

　　急性肠胃炎是胃肠黏膜的急性炎症，临床表现主要为恶心、呕吐、腹痛、腹泻、发热等。本病常见于夏秋季，其发生多因饮食不当，暴饮暴食；或食入生冷腐馊、秽浊不洁的食品。中医根据病因和体质的差别，将胃肠炎分为湿热、寒湿和积滞等不同类型。

与病原菌生长繁殖需要特定的微环境有关。

▶ 人体的抗菌与免疫

一般来说，每个人都有抗感染免疫功能。所谓抗感染免疫，指的是机体抵抗病原生物及其有害产物，以维持生理稳定的功能。抗感染能力的强弱，除与遗传因素、年龄、机体的营养状态等有关外，决定于机体的免疫功能。

抗感染免疫包括先天性、获得性免疫两大类：①先天性免疫，是机体在种系发育进化过程中逐渐建立起来的一系列天然防御功能，是经遗传获得，能传给下一代，其作用并非针对某种病原体，故称非特异性免疫，由屏障结构、吞噬细胞及正常体液和组织免疫成分构成。②获得性免疫，是出生后经主动或被动免疫方式而获得的，是在生活过程中接触某种病原体及其产物而产生的特异性免疫，故称获得性免疫。在抗感染中，非特异性免疫发生在前，当特异性免疫产生后，即可明显增强非特异性免疫的能力。抗感染免疫包括抗细菌免疫、抗病毒免疫、抗真菌免疫、抗寄生虫免疫等。本章着重讨论抗细菌和抗病毒免疫。

病原菌侵入人体，首先要突破机体先天免疫的防线，病原菌侵入后一般经 7~10 天，机体才能产生获得性免疫，先天免疫与获得性免疫相互配合，共同发挥抗菌免疫作用。

先天免疫又称非特异性免疫，是人类在长期的种系发育和进化过程中，逐渐建立起来的一系列天然防御功能。其特点是：

（1）生来就有，受遗传基因控制，代代遗传，具有相对稳定性，个体差异小。

（2）作用无特异性，不是针对某一特定微生物，而是对各种微生物均有防御能力。

（3）再次接触相同微生物防御功能不增减。

非特异性免疫的物质基础包括机体的屏障结构、吞噬细胞和体液中的抗菌物质。

机体的屏障结构主要包括皮肤与黏膜、血脑屏障和胎盘屏障。

完整的皮肤和黏膜有机械阻挡作用，阻止细菌入侵。只有当皮肤或黏膜受损时细菌才能侵入。皮肤和黏膜经常分泌多种杀菌物质，如皮肤汗腺分泌的乳酸、皮脂腺分泌的脂肪酸，不同部位的黏膜分泌的溶菌酶、胃酸、蛋白酶等都有杀灭微生物的作用。溶菌酶存在于唾液、乳汁、泪液和鼻及气管等分泌液中，能溶解革兰阳性菌。胃酸有很强的杀菌力，防止病原菌入侵消化道。此外，寄居于皮肤和黏膜的正常菌群对某些病原菌有颉颃作用，如咽喉部甲型溶血性链球菌能抑制肺炎球菌生长。

知识小链接

溶菌酶

溶菌酶又称胞壁质酶或 N－乙酰胞壁质聚糖水解酶，是一种能水解致病菌中黏多糖的碱性酶。主要通过破坏细胞壁中的 N－乙酰胞壁酸和 N－乙酰氨基葡糖之间的 $\beta-1,4$ 糖苷键，使细胞壁不溶性黏多糖分解成可溶性糖肽，导致细胞壁破裂、内容物逸出而使细菌溶解。溶菌酶还可与带负电荷的病毒蛋白直接结合，与 DNA、RNA、脱辅基蛋白形成复盐，使病毒失活。因此，该酶具有抗菌、消炎、抗病毒等作用。

血脑屏障是由软脑膜、脉络丛、脑血管、星状胶质细胞等组成。血脑屏障主要借脑毛细血管内皮细胞层的紧密连接和微弱的吞饮作用，来阻挡微生物及其毒性产物从血液进入脑组织或脑脊液，以此保护中枢神经系统。婴幼儿血脑屏障发育尚未完善，较易发生脑炎、脑膜炎等。

胎盘屏障由母体子宫内膜的基蜕膜和胎儿绒毛膜组成。在正常情况下，母体感染时病原体及其有害产物不能通过胎盘进入胎儿，从而起到保护胎儿的作用。但母体在妊娠 3 个月内，由于胎盘屏障发育尚未完善，若感染风疹病毒、巨细胞病毒、人类免疫缺陷病毒等时，病毒可经胎盘侵入胎儿，干扰其正常发育，导致胎儿流产、死胎或先天畸形。

病原微生物穿过体表屏障向机体内部入侵、扩散时，机体的吞噬细胞及体液中的抗微生物因子会发挥抗感染作用。

拓展阅读

脑脊液

　　正常成年人的脑脊液是 100 ~ 150 毫升，其比重为 1，呈弱碱性，不含红细胞，但每立方毫米中约含 5 个淋巴细胞。正常脑脊液具有一定的化学成分和压力，对维持颅压的相对稳定有重要作用。患中枢神经系统疾病时，常需要作腰椎穿刺吸取脑脊液检查，以协助诊断。脑脊液的性状和压力受多种因素的影响，若中枢神经系统发生病变，神经细胞的代谢紊乱，将使脑脊液的性状和成分发生改变；若脑脊液的循环路径受阻，颅内压力将增高。因此，当中枢神经系统受损时，脑脊液的检测成为重要的辅助诊断手段之一。

　　人体内专职吞噬细胞分为两类：①小吞噬细胞，主要是中性粒细胞，还有嗜酸性粒细胞。②大吞噬细胞，即单核吞噬细胞系统，包括末梢血液中的单核细胞和淋巴结、脾、肝、肺以及浆膜腔内的巨噬细胞、神经系统内的小胶质细胞等。

　　当病原体通过皮肤或黏膜侵入组织后，中性粒细胞先从毛细血管游出并集聚到病原菌侵入部位。其杀菌过程的主要步骤如下：

　　（1）趋化与黏附。吞噬细胞在发挥其功能时，首先黏附于血管内皮细胞，并穿过细胞间隙到达血管外，由趋化因子的作用使其作定向运动，到达病原体所在部位。趋化因子的种类很多，如细菌来源的甲硫氨酰–亮氨酰–苯基丙氨酸、血小板活化因子等。吞噬细胞的黏附与细胞膜上的 3 种黏附分子有关。若吞噬细胞缺乏此类分子，会影响其对异物表面及血管内皮细胞的黏附，从而影响吞噬细胞功能的发挥，临床上容易发生细菌或真菌的反复感染、牙周炎白细胞增多症等。

　　（2）调理与吞入。体液中的某些蛋白质覆盖于细菌表面有利于细胞的吞噬，此为调理作用。经调理的病原菌易被吞噬细胞吞噬进入吞噬体，随后，与溶酶体融合形成吞噬溶酶体，溶酶体内的多种酶类起杀灭和消化细菌作用。

　　（3）杀菌和消化。吞噬细胞的杀菌因素分氧化性杀菌、非氧化性杀菌两类。前者指有分子氧参与的杀菌过程，其机制是通过某些氧化酶的作用，使分子氧活化成为各种活性氧或氯化物，直接作用于微生物，或通过髓过氧化

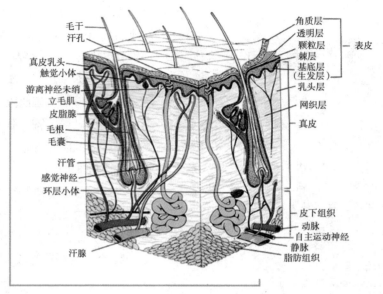

毛干
汗孔
真皮乳头
触觉小体
游离神经末绡
立毛肌
皮脂腺
毛根
毛囊
汗管
感觉神经
环层小体
汗腺

角质层
透明层
颗粒层
棘层
基底层
(生发层)
乳头层
网织层
真皮
皮下组织
动脉
自主运动神经
静脉
脂肪组织

表皮

皮肤结构图

物酶（MPO）和卤化物的协同而杀灭微生物。后者不需要分子氧参与，主要由酸性环境和杀菌性蛋白构成。

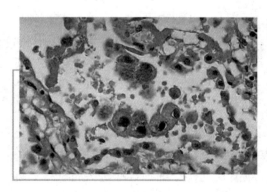

巨细胞病毒

病原菌被吞噬后经杀死、消化而排出者为完全吞噬。由于机体的免疫力和病原体种类及毒力不同，有些细菌如结核杆菌、麻风杆菌等虽被吞噬却不被杀死，甚至在细胞内生长繁殖并随吞噬细胞游走，扩散到全身，称为不完全吞噬。

正常人体的组织和体液中有多种抗菌物质。在实验条件下，这些物质对某种细菌可分别表现出抑菌、杀菌或溶菌等作用。一般在体内这些物质的直接作用不大，常是配合其他杀菌因素发挥作用。

正常体液和组织中的抗菌物质

名称	来源或存在部位	化学性质	抗菌范围
补体	血清	球蛋白	革兰阴性菌
溶菌酶	吞噬细胞溶酶体、泪液、乳汁	碱性多肽	革兰阳性菌
乙型溶素	中性粒细胞	碱性多肽	革兰阳性菌
吞噬细胞杀菌素	中性粒细胞	碱性多肽	革兰阴性菌、少数革兰阳性菌
白细胞素	中性粒细胞	碱性多肽	革兰阳性菌
乳素	乳汁	蛋白质	革兰阳性菌（主要链球菌）

获得性免疫又称特异性免疫。当机体经病原细菌抗原作用后，可产生特异性体液免疫和细胞免疫，在感染中，以哪一种为主，则因病原菌种类不同而异。抗体主要作用于细胞外生长的细菌，对胞内菌的感染要靠细胞免疫发挥作用。

胞外菌感染的致病机制，主要是引起感染部位的组织破坏（炎症）和产生毒素。因此抗胞外菌感染的免疫应答在于排除细菌及中和其毒素。表现在以下几方面：

（1）抑制细菌的吸附。病原菌对黏膜上皮细胞的吸附是感染的先决条件。这种吸附作用可被正常菌群阻挡，也可由某些局部因素如糖蛋白或酸碱度等抑制。

（2）调理吞噬作用。中性粒细胞是杀灭和清除胞外菌的主要力量，抗体和补体具有免疫调理作用，能显著增强吞噬细胞的吞噬效应，对化脓性细菌的清除尤为重要。

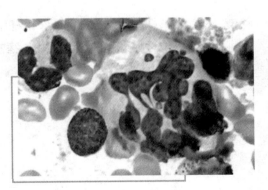

中性粒细胞

知识小链接

红细胞

红细胞是血液中数量最多的一种血细胞，也是脊椎动物体内通过血液运送氧气的最主要的媒介，同时还具有免疫功能。成熟的红细胞是无核的，这意味着它们失去了 DNA。红细胞也没有线粒体，它们通过葡萄糖合成能量。

（3）溶菌作用。细菌与特异性抗体结合后，能激活补体的经典途径，最终导致细菌的裂解死亡。

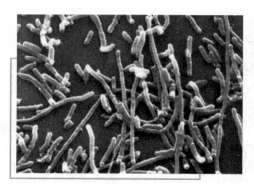

军团菌

（4）中和毒素作用。由细菌外毒素或由类毒素刺激机体产生的抗毒素，可与相应毒素结合，中和其毒性，能阻止外毒素与易感细胞上的特异性受体结合，使外毒素不表现毒性作用。抗毒素与外毒素结合形成的免疫复合物随血循环最终被吞噬细胞吞噬。

如果病原菌侵入机体后主要停留在宿主细胞内，将其称为胞内菌感染。例如结核杆菌、麻风杆菌、布氏杆菌、沙门菌、李斯特菌、军团菌等，这些细菌可抵抗吞噬细胞的杀菌作用，宿主对胞内菌主要靠细胞免疫发挥防御功能。

艰难的跋涉

听到细菌这个词，人类难免会心惊胆战。其实，大可不必这样，就像人类性格有善有恶一样，细菌家族也有好坏之分。细菌的兄弟姐妹"人缘"特别好，它们是人类生存必不可少的组成部分，比如：细菌的益生菌姐姐，就能够帮助人类肠胃消化食物，强健免疫系统，生产维生素 B_{12} 以及维生素 K；乳酸菌大哥，可以帮助人类制造酸奶和泡菜；霉菌大妈可以用来制酱等；酵母菌大叔，可以用来发酵面粉，制作面包、馒头。

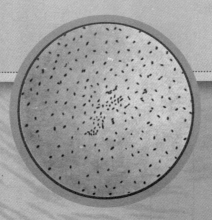

他看到了一个奇妙的世界

征服一个事物，都必须从认识它开始。同样，人类征服细菌，也是从认识细菌这一步开始的。回顾历史，我们不禁吃惊地发现，人类打开细菌世界大门的竟然是荷兰一个看守大门的无名之辈。他就是列文虎克。

列文虎克

1632 年，列文虎克出生于荷兰的代尔夫特。他的父亲是一个编箩筐和酿酒的小商人。不幸的是，列文虎克很小的时候，父亲就去世了。为了维持家庭生活，16 岁的列文虎克不得不离开了学校，到荷兰首都阿姆斯特丹一家杂货铺当学徒。在这里，白天，他要与那些斤斤计较的荷兰家庭主妇打交道；夜晚，店铺打烊以后，他靠着昏暗的烛光读着借来的各种书籍。他所读的书多种多样，上至天文，下至地理乃至生物的知识。他被书中的世界深深吸引了，并对自然科学产生了浓厚的兴趣。

杂货铺的隔壁是一家眼镜店，这是列文虎克最爱去的地方。在这里，他与眼镜店的工匠聊天，他将书中读到的一些有趣的故事讲给工匠听，工匠则教会了他怎样磨制玻璃镜片。这是一门非常有用的技术，此后，磨制镜片有节奏的沙沙声几乎伴随了列文虎克整整一生。

很快，列文虎克度过了 6 年的学徒生涯。对列文虎克来说，这一时期正是充满幻想的时期，他最强烈的愿望是，能制造出一种放大的镜子，用它来观察自然界中那些细微的生物。

告别了学徒生活，列文虎克又走上了坎坷的人生道路。为了生活，他不得不四处奔走。又过了许多年，他才回到了家乡。在这里，只会讲荷兰语的列文虎克被人看成是一个无知无识的人。他先开了家杂货店，最后做了市政府的看门工人，每天打扫门前垃圾，定期爬上钟楼向全城市民报告时间。工作极为简单，收入也仅够过日子。但列文虎克有自己的兴趣所在。

> ## 知识小链接
>
> ### 列文虎克
>
> 　　列文虎克（1632—1723）荷兰显微镜学家、微生物学的开拓者，生卒均于代尔夫特。由于勤奋及本人特有的天赋，他磨制的透镜远远超过同时代人。他的放大透镜以及简单的显微镜形式很多，透镜的材料有玻璃、宝石、钻石等。其一生磨制了400多个透镜，其中有一架简单的透镜，其放大率竟达270倍。主要成就：首次发现微生物，最早记录肌纤维、微血管中的血流。

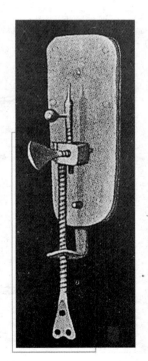

　　列文虎克最大的嗜好就是不停地磨镜片。他有着坚不可摧的研究者的好奇心。他知道，通过透镜看到的东西比肉眼大得多，也非常有趣。他发誓要磨出世界上最好的镜片。列文虎克终于磨出了光洁透亮的镜片，他把两块镜片隔开一些距离，固定在一块金属板上，再装上一个调节镜片的螺旋杆。一架在当时最为精巧的魔镜便做成了。魔镜可将物体放大300倍，这就是世界上第一架显微镜。

　　有了这架显微镜，列文虎克兴奋不已。凡能到手的东西，他样样都拿来看看。他观察了许多小虫的器官，如蚊子的长嘴、蜜蜂刺人的针。他细看了鲸鱼的肌肉纤维和自己的皮肤屑片。他到肉店里去买回牛眼睛，看到水晶体的美妙组合，不禁大为惊奇。他一连几小时地细看羊毛、海狸毛和麋鹿毛的构造，这些纤细的毛在他的显微镜下像粗大的木头。

　　1669年，列文虎克开始给英国皇家学会写报告，宣布他看到了"大量难以相信的极小的活泼的物体"，

列文虎克发明的显微镜

他将这些东西称为"微动物"。

1684年，列文虎克准确地描述了红细胞，证明马尔皮基推测的毛细血管是真实存在的。1702年他在细心观察了轮虫以后，指出在所有露天积水中都可以找到微生物，因为这些微生物附着在微尘上、飘浮于空中并且随风转移。他追踪观察了许多低等动物和昆虫的生活史，证明它们都自卵孵出并经历了幼虫等阶段，而不是从沙子、河泥或露水中自然发生的。

列文虎克不断地观察，详细地记录了他所看到的一切，并用他那质朴有趣的荷兰话向皇家学会写报告。

他告诉皇家学会，除了雨水外，各种各样的水中，如书房的水、屋顶上盆子里的水、不太清洁的德尔夫特运河中的水、园子中深井里汲上来的水，到处都有这种"小生物"。它们好几千个合起来也不及一粒沙子大。

他告诉皇家学会，在他自己嘴里这些小东西也成群结队，这些小东西比整个荷兰王国的居民还要多。

后来，列文虎克在蛙和马的肠子里，在自己的排泄物中，都发现了这种"神秘新奇的小动物"。尤其在一次拉肚子后，他发现"小动物"居然汇集成堆。

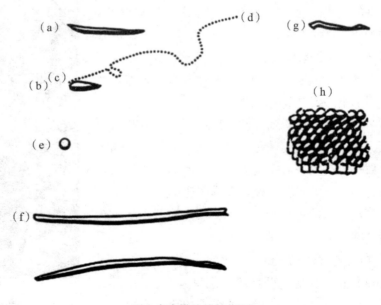

列文虎克描绘的细菌图

读着列文虎克的这些来信，皇家学会的会员都大吃一惊。直到英国物理学家和天文学家胡克依照列文虎克的说明，做了一台显微镜，亲自观察了他信中所说的新发现，证明是事实。于是列文虎克的成果得到了肯定，他本人也被吸收为皇家学会会员。

列文虎克的发现轰动了全世界。人们从各地拥向荷兰的德尔夫特城，要求亲眼看看这个肉眼看不见的奇妙天地。列文虎克的声望越来越大。俄国沙皇彼得大帝和英国女王对这位看门老头的魔镜也产生了兴趣，亲自登门拜访，请求瞧一下镜中的秘密。

列文虎克把观察的内容写成了一部划时代的著作《自然界的秘密》，分7卷出版。在他的一生中，用手工磨制的透镜片达419枚，制成了247台简易显微镜和172个小型放大镜。

1716年，这时列文虎克已经84岁，劳万大学授予他奖章和一首赞扬的诗，是用拉丁文写的，这一荣誉相当于今天的荣誉学位。因为他不会读拉丁文，诗是别人念给他听的。他后来在给皇家学会的信中写道，这使他"眼泪夺眶而出"。

直到1723年去世时，他仍然积极工作。他最后一封信是他女儿寄出的，赠给这个显赫科学家的组织一只箱子，里面装有26件最精致和他最心爱的银质显微镜。

1723年2月27日，91岁高龄的列文虎克离开了人世。

◣ 发现细菌世界的利器

自从列文虎克发明了显微镜之后，人们利用它来观察细小的生物，从而也知道了许许多多、各种各样的细菌。即使到了现在，显微镜依然是人类发现细菌的主要工具。

一般来说，显微镜可以分成光学显微镜、电子显微镜和扫描隧道显微镜几大类。

（1）普通光学显微镜的构造主要分为3部分：机械部分、照明部分和光学部分。机械部分包括镜座、镜柱、镜臂、镜筒、物镜转换器（旋转器）、镜台（载物台）和调节器等几部分。

显微镜的镜座是它的底座，用以支持整个镜体。镜柱是镜座上面直立的部分，用以连接镜座和镜臂。镜臂一端连于镜柱，一端连于镜筒，是取放显微镜时手握部位。镜筒连在镜臂的前上方，镜筒上端装有目镜，下端装有物镜转换器。物镜转换器接于棱镜壳的下方，可自由转动，盘上有 3～4 个圆孔，是安装物镜部位，转动转换器可以调换不同倍数的物镜，当听到碰叩声时，才可进行观察，此时物镜光轴恰好对准通光孔中心，光路接通。转换物镜后，使像清晰，不允许使用粗调节器，只能用细调节器。镜台在镜筒下方，形状有方、圆两种，用以放置玻片标本；中央有一通光孔，我们所用的显微镜其镜台上装有玻片标本推进器（推片器），推

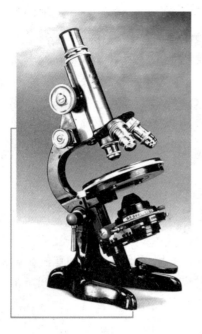

普通光学显微镜

进器左侧有弹簧夹，用以夹持玻片标本，镜台下有推进器调节轮，可使玻片标本作左右、前后方向的移动。调节器是装在镜柱上的大小两种螺旋，调节时使镜台作上下方向的移动。

照明部分装在镜台下方，包括反光镜和集光器。

反光镜装在镜座上面，可向任意方向转动，它有平、凹两面，其作用是将光源光线反射到聚光器上，再经通光孔照明标本。凹面镜聚光作用强，适于光线较弱的时候使用；平面镜聚光作用弱，适于光线较强时使用。

集光器（聚光器）位于镜台下方的集光器架上，由聚光镜和光圈组成，其作用是把光线集中到所要观察的标本上。聚光镜由一片或数片透镜组成，起汇聚光线的作用，加强对标本的照明，并使光线射入物镜内。镜柱旁有一调节螺旋，转动它可升降聚光器，以调节视野中光亮度的强弱。光圈在聚光镜下方，由十几张金属薄片组成，其外侧伸出一柄，推动它可调节其开孔的大小，以调节光量。

显微镜的光学部分包括目镜和物镜。

知识小链接

聚光镜

聚光镜又名聚光器，装在载物台的下方。小型的显微镜往往无聚光镜，在使用数值孔径 0.40 以上的物镜时，则必须具有聚光镜。聚光镜不仅可以弥补光量的不足和适当改变从光源射来的光的性质，而且将光线聚焦于被检物体上，以得到最好的照明效果。

目镜装在镜筒的上端，通常备有 2~3 个，上面刻有 "5×" "10×" 或 "15×" 符号，以表示其放大倍数，一般装的是 "10×" 的目镜。物镜装在镜筒下端的旋转器上，一般有 3~4 个物镜，其中最短的刻有 "10×" 符号的为低倍镜，较长的刻有 "40×" 符号的为高倍镜，最长的刻有 "100×"

显微镜的目镜

符号的为油镜。此外，在高倍镜和油镜上还常加有一圈不同颜色的线，以示区别。显微镜的放大倍数是物镜的放大倍数与目镜的放大倍数的乘积。

目镜和物镜都是凸透镜，焦距不同。物镜相当于投影仪的镜头，物体通过物镜成倒立、放大的实像。目镜相当于普通的放大镜，该实像又通过目镜成正立、放大的虚像。反光镜用来反射光线照亮被观察的物体。反光镜一般有两个反射面：一个是平面，在光线较强时使用；一个是凹面，在光线较弱时使用。

除这种普通显微镜外，光学显微镜还有其他几种：

暗视场显微镜——这种显微镜使用特殊的暗视场聚光镜，使照明光线偏移而不进入物镜，只有样品的散射光进入物镜，因而在暗背景上得到亮的像。与暗视场照明相反，照明的光线直接到达成像平面的，称明视场照明。暗视场显微镜主要用于观察结构和折射率变化有关的物体，如硅藻、放射虫类、细菌等具有规律结构的单细胞生物以及细胞中的线状结构（如鞭毛、纤维等）。用暗视场显微镜还可观察到物镜分辨极限以下的质点，但不适用于观察染色的标本。

相差显微镜——这种显微镜利用物体不同结构成分之间的折射率和厚度的差别，把通过物体不同部分的光程差转变为振幅（光强度）的差别，经过带有环状光圈的聚光镜和带有相位片的相差物镜实现观测的显微镜。主要用于观察活细胞或不染色的组织切片，有时也可用于观察缺少反差的染色样品。

干涉显微镜——这种显微镜采用通过样品内和样品外的相干光束产生干涉的方法，把相位差（或光程差）转换为振幅（光强度）变化的显微镜，根据干涉图形可分辨出样品中的结构，并可测定样品中一定区域内的相位差或光程差。由于分开光束的方法不同，有不同类型的干涉显微镜和用于测定非均匀样品的积分显微镜干涉仪。干涉显微镜主要用于测定活的或未固定的相互分散的细胞或组织的厚度或折射率。

荧光显微镜——这种显微镜用激发光照射样品，根据样品产生的荧光进行观察的显微镜。生物学、医学中应用的荧光有自发荧光、诱发荧光、荧光着色、免疫荧光等。荧光显微镜激发光照射的方式，有透射和落射两种。

拓展阅读

荧光显微镜

荧光显微镜是以紫外线为光源，用以照射被检物体，使之发出荧光，然后在显微镜下观察物体的形状及其所在位置。荧光显微镜用于研究细胞内物质的吸收、运输、化学物质的分布及定位等。细胞中有些物质，如叶绿素等，受紫外线照射后可发荧光；另有一些物质本身虽不能发荧光，但如果用荧光染料或荧光抗体染色后，经紫外线照射亦可发荧光。荧光显微镜就是对这类物质进行定性和定量研究的工具之一。

（2）电子显微镜由镜筒、真空系统和电源柜三部分组成。镜筒主要有电子枪、电子透镜、样品架、荧光屏和照相机构等部件，这些部件通常是自上而下地装配成一个柱体；真空系统由机械真空泵、扩散泵和真空阀门等构成，并通过抽气管道与镜筒相连接，电源柜由高压发生器、励磁电流稳流器和各种调节控制单元组成。

电子透镜是电子显微镜镜筒中最重要的部件，它用一个对称于镜筒轴线的空间电场或磁场使电子轨迹向轴线弯曲形成聚焦，其作用与玻璃凸透镜使光束聚焦的作用相似，所以称为电子透镜。现代电子显微镜大多采用电磁透镜，由很稳定的直流励磁电流通过带极靴的线圈产生的强磁场使电子聚焦。

电子显微镜

电子枪是由钨丝热阴极、栅极和阴极构成的部件。它能发射并形成速度均匀的电子束，所以加速电压的稳定度要求不低于 1/10000。

电子显微镜是根据电子光学原理，用电子束和电子透镜代替光束和光学透镜，使物质的细微结构在非常高的放大倍数下成像的仪器。

拓展阅读

电子枪

电子枪是加速电子轰击靶屏发光的一种装置，它发射出具有一定能量、一定束流以及速度和角度的电子束（该电子束的方向和强度可以控制，通常由热阴极、控制电极和若干加速阳极等组成）。电子枪用来提供电子束，并轰击荧光屏形成不同灰度等级的图像。电子枪一般分为热发射和场致发射两种；电子枪的功能在于给出满足要求的电子束，而电子枪的材料和工艺结构又必须考虑到电子枪易于加工和使用方便。

电子显微镜的分辨能力以它所能分辨的相邻两点的最小间距来表示。20 世纪 70 年代，透射式电子显微镜的分辨率约为 0.3 纳米（人眼的分辨本领约为 0.1 毫米）。现在电子显微镜最大放大倍率超过 300 万倍，而光学显微镜的最大放大倍率约为 2000 倍，所以通过电子显微镜就能直接观察到某些重金属的原子和晶体中排列整齐的原子点阵。

1931 年，德国的诺尔和鲁斯卡，用冷阴极放电电子源和 3 个电子透镜改装了一台高压示波器，并获得了放大十几倍的图像，发明的是透射电镜，证实了电子显微镜放大成像的可能性。1932年，经过鲁斯卡的改进，电子显微镜的分辨能力达到了50纳米，约为当时光学显微镜分辨本领的10倍，突破了光学显微镜分辨极限，于是电子显微镜开始受到人们的重视。

到了20世纪40年代，美国的希尔用消像散器补偿电子透镜的旋转不对称性，使电子显微镜的分辨本领有了新的突破，逐步达到了现代水平。在中国，1958年研制成功透射式电子显微镜，其分辨本领为3纳米，1979年又制成分辨本领为0.3纳米的大型电子显微镜。

电子显微镜的分辨本领虽已远胜于光学显微镜，但电子显微镜因需在真空条件下工作，所以很难观察活的生物，而且电子束的照射也会使生物样品受到辐照损伤。其他的问题，如电子枪亮度和电子透镜质量的提高等问题也有待继续研究。

（3）扫描隧道显微镜也称为"扫描穿隧式显微镜""隧道扫描显微镜"，是一种利用量子理论中的隧道效应探测物质表面结构的仪器。它于1981年由格尔德·宾宁及海因里希·罗雷尔在IBM位于瑞士苏黎世的苏黎世实验室发明，两位发明者因此与恩斯特·鲁斯卡分享了1986年诺贝尔物理学奖。

扫描隧道显微镜作为一种扫描探针显微术工具，可以让科学家观察和定位单个原子，它具有比它的同类原子力显微镜更加高的分辨率。此外，扫描隧道显微镜在低温下可以利用探针尖端精确操纵原子，因此它在纳米科技中既是重要的测量工具又是加工工具。

扫描隧道显微镜使人类第一次能够实时地观察单个原子在物质表面的排列状态和与表面电子行为有关的物化性质，在表面科学、材料科学、生命科学等领域的研究中有着重大的意义和广泛的应用前景，被国际科学界公认为20世纪80年代世界十大科技成就之一。

日新月异的细菌观察诊断技术

为了能更清楚地观察细菌，除了采用显微镜，还对其进行了染色处理，这就是染色法。

染色法是染色剂与细菌细胞质的结合。最常用的染色剂是盐类。其中，碱性染色剂由有色的阳离子和无色的阴离子组成，酸性染色剂则相反。菌细胞富含核酸，可以与带正电荷的碱性染色剂结合；酸性染色剂不能使细菌着色，而使背景着色形成反差，故称为负染。

染色法有多种，最常用最重要的分类鉴别染色法是革兰染色法。该法是丹麦细菌学家革兰于1884年创建，至今仍在广泛应用。

该方法是将标本固定后，先用碱性染料结晶紫初染，再加碘液媒染，使之生成结晶紫—碘复合物。此时不同细菌均被染成深紫色。然后用95%乙醇处理，有些细菌被脱色，有些不能。最后用稀释复红或沙黄复染。

此法可将细菌分为两大类：①不被乙醇脱色仍保留紫色者为革兰阳性菌。②被乙醇脱色后复染成红色者为革兰阴性菌。

革兰染色法在鉴别细菌、选择抗菌药物、研究细菌致病性等方面都具有极其重要的意义。

丹麦细菌学家革兰

虽然至今革兰染色法的原理尚未完全阐明，但与菌细胞壁结构密切相关，如果在结晶紫—碘染之后，乙醇脱色之前去除革兰阳性菌的细胞壁，革兰阳性菌细胞就能够被脱色。目前，对革兰阳性和革兰阴性菌细胞壁的化学组分已十分清楚，但对革兰阳性菌细胞壁阻止染料被溶出的原因尚不清楚。

细菌染色法中尚有单染色法、抗酸染色法，以及荚膜、芽孢、鞭毛、细胞壁、核质等特殊染色法。

但对于致病性细菌，则采用了更复杂的一套检验和诊断方法，其主要包括：分离培养、生化试验、血清学试验、动物试验、药物敏感试验、分子生物学技术等。

从原则上来讲，所有标本均应该分离培养，以获得纯培养后进一步鉴定。

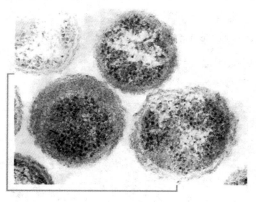

布鲁菌

原为无菌部位采取的血液、脑脊液等标本，可直接接种至营养丰富的液体或固体培养基。从正常菌群存在部位采取的标本，应接种至选择或鉴别培养基。接种后放 37℃ 孵育，一般经 16 ~ 20 小时大多可生长茂盛或形成菌落。少数如布鲁菌、结核分歧杆菌生长缓慢，分别需经 3 ~ 4 周和 4 ~ 8 周才长成可见菌落。分离培养的阳性率要比直接镜检高，但需时较久。

细菌的代谢活动依靠系列酶的催化作用，不同致病菌具有不同的酶系，所以其代谢产物不尽相同，因此根据这个可对一些致病菌进行鉴别。例如肠道杆菌种类很多，形态、染色性基本相同，菌落亦类似。但它们的糖类和蛋白质的分解产物不完全一样，因而可利用不同基质进行生化试验予以区别之。

采用含有已知特异抗体的免疫血清与分离培养出的未知纯种细菌进行血清学试验，可以确定致病菌的种或型。常用方法是玻片凝集试验，在数分钟内就能得出结果。免疫荧光、协同凝集、对流免疫电泳、酶免疫、间接血凝、乳胶凝集等试验可快速、灵敏地检测标本中的微量致病菌特异抗原。这些方法的另一优点是即使患者已用抗生素等药物治疗，标本中的病菌被抑制或杀死培养不成功时，其特异抗原仍可检出，有助于确定病因。

动物试验主要用于分离、鉴定致病菌，测定菌株产毒性等。常用实验动物有小鼠、豚鼠、家兔等。应按实验要求，选用一定的体重和年龄，具有高度易感性的健康动物。接种途径有皮内、皮下、腹腔、肌肉、静脉、脑内、灌胃等。接种后应仔细观察动物的食量、精神状态和局部变化，有时尚要测定体重、体温、血液等指标。若死亡应立即解剖，检查病变，或进一步作分离培养，证实由何病菌所致。含杂菌多的标本，也可通过接种易感动物获得纯培养，达到分离致病菌的目的。例如，将疑患肺炎链球菌性肺炎病人痰接种至小鼠腹腔。测试细菌的产毒性，可用家兔或豚鼠皮肤检测白喉棒状杆菌是否产生白喉毒素；家兔结扎肠段测定大肠杆菌不耐热肠毒素等。

　　药敏试验对指导临床选择用药，及时控制感染有重要意义。其方法有纸碟法、小杯法、凹孔法、试管法等，以单片纸碟法和试管稀释法常用。纸碟法是根据抑菌圈有无、大小来判定试验菌对该抗菌药物耐药或敏感。试管法是以抗菌药物的最高稀释度仍能抑制细菌生长管为终点，该管含药浓度即为试验菌株的敏感度。

将疑患肺炎链球菌性肺炎病人的痰接种至小鼠腹腔以分离致病菌

　　随着分子生物学技术的发展，人类应用核酸杂交和 PCR 技术检测致病细菌核酸也取得了很大的进展。

　　核酸杂交技术的原理是应用放射性核素或生物素、地高辛苷原、辣根过氧化物酶等非放射性物质标记的已知序列核酸单链作为探针，在一定条件下，按照碱基互补原则与待测标本的核酸单链退火形成双链杂交体。然后，通过杂交信号的检测，鉴定血清、尿、粪或活检组织等中有无相应的病原体基因及其分子大小。

知识小链接

核　酸

　　由许多核苷酸聚合成的生物大分子化合物，为生命的最基本物质之一。核酸广泛存在于所有动物细胞、植物细胞、微生物内。生物体内核酸常与蛋白质结合形成核蛋白。不同的核酸，其化学组成、核苷酸排列顺序等不同。根据化学组成不同，核酸可分为核糖核酸（简称 RNA）和脱氧核糖核酸（简称 DNA）。DNA 是储存、复制和传递遗传信息的主要物质基础，RNA 在蛋白质合成过程中起着重要作用。其中转移核糖核酸，简称 tRNA，起着携带和转移活化氨基酸的作用；信使核糖核酸，简称 mRNA，是合成蛋白质的模板；核糖体的核糖核酸，简称 rRNA，是细胞合成蛋白质的主要场所。

核酸杂交技术有液相与固相之分。固相核酸杂交较常用，有原位杂交、斑点杂交、Southern 印迹、Northern 印迹等。核酸杂交可从标本中直接检出病原体，不受标本中的杂质干扰，对尚不能或难分离培养的病原体尤为适用。用核酸杂交技术来检测细菌感染中的致病菌，有结核分歧杆菌、幽门螺杆菌、空肠弯曲菌、致病性大肠杆菌等。

　　PCR 技术是一种无细胞的分子克隆技术，在体外经数小时的处理即可扩增成上百万个同一基因分子。PCR 技术的基本步骤为从标本中提取 DNA 作为扩增模板；选用一对特异寡核苷酸作为引物，经不同温度的变性、退火、延伸等使之扩增；扩增产物作溴乙锭染色的凝胶电泳，紫外线灯下观察特定碱基对数的 DNA 片段；出现橙红色电泳条带者为阳性。若需进一步鉴定，可将凝胶中分离的 PCR 产物回收，再用特异探针确定。

　　PCR 技术具有快速、灵敏和特异性强等特点，现已用于生物医学中的多个领域。在细菌学方面，可用 PCR 技术检测标本中的结核分歧杆菌、淋病奈瑟菌、肠产毒素型大肠杆菌、军团菌等中的特异性 DNA 片段。

　　除此之外，也常采用其他一些方法来观察、检测细菌。比如有人用气相色谱法检测细菌在代谢过程中产生的挥发性脂肪酸谱，来诊断厌氧菌感染；对葡萄球菌、伤寒沙门菌、志贺菌等，用特异型噬菌体进行分型，以追踪传染源等。

▶ 细菌的人工培养

　　为了更好地观察细菌、了解细菌、掌握细菌生长繁殖的规律，开始用人工方法提供细菌所需的条件来培养细菌，以满足不同的需求。

　　人工培养细菌，除需要提供充足的营养物质使细菌获得生长繁殖所需要的原料和能量外，尚要有适宜的环境条件，如酸碱度、渗透压、温度和必要的气体等。

　　根据不同标本及不同培养目的，可选用不同的接种和培养方法。常用的有细菌的分离培养和纯培养两种方法。已接种标本或细菌的培养基置于合适的气体环境，需氧菌和兼性厌氧菌置于空气中即可，专性厌氧菌须在无游离氧的环境中培养。多数细菌在代谢过程中需要二氧化碳，但分解糖类时产生的二氧化碳已足够其所需，且空气中还有微量二氧化碳，不必额外补充。只有少数菌如布鲁菌、脑膜炎奈瑟菌、淋病奈瑟菌等，初次分离培养时必须在 5% ~10% 二氧化碳环境中才能生长。

知识小链接

酸碱度

酸碱度，亦称氢离子浓度指数、酸碱值（pH），是溶液中氢离子活度的一种标度，也就是通常意义上溶液酸碱程度的衡量标准。这个概念是 1909 年由丹麦生物化学家彼得·索伦森提出。

病原菌的人工培养一般采用 35℃ ~37℃ 的温度，培养时间多数为 18 ~24 小时，但有时需根据菌种及培养目的做最佳选择，如细菌的药物敏感试验则应选用对数期的培养物。

培养基是由人工方法配制而成的，专供微生物生长繁殖使用的混合营养物制品。培养基一般为中性，少数的细菌按生长要求调整值偏酸或偏碱。许多细菌在代谢过程中分解糖类产酸，所以常在培养基中加入缓冲剂，以保持稳定的 pH。培养基制成后必须经灭菌处理。

培养基按其营养组成和用途不同，分为以下几类：基础培养基、增菌培养基、选择培养基、厌氧培养基、鉴别培养基。

基础培养基含有多数细菌生长繁殖所需的基本营养成分。它是配制特殊培养基的基础，也可作为一般培养基用。如营养肉汤、营养琼脂、蛋白胨水等。

为了了解某种细菌的特殊营养要求，还配制出适合这种细菌而不适合其他细菌生长的增菌培养基。在这种培养基上生长的是营养要求相同的细菌群。它包括通用增菌培养基和专用增菌培养基，前者为在基础培养基中添加合适的生长因子或微量元素等，以促使某些特殊细菌生长繁殖，例如链球菌、肺炎链球菌需在含血液或血清的培养基中生长；后者又称为选择性增菌培养基，即除固有的营养成分外，再添加特殊抑制剂，有利于目的菌的生长繁殖，如碱性蛋白胨水用于霍乱弧菌的增菌培养。

拓展阅读

肺炎链球菌

肺炎链球菌简称肺炎球菌。1881 年首次由巴斯德及 G. M. Sternberg 分别在法国及美国从患者痰液中分离出。为革兰染色阳性，菌体似矛头状，成双或成短链状排列的双球菌，有毒体外有化学成分为多糖的荚膜。5%～10% 正常人上呼吸道中携带此菌。有毒株是引起人类疾病的重要病原菌。

在培养基中加入某种化学物质，使之抑制某些细菌生长，而有利于另一些细菌生长，从而将后者从混杂的标本中分离出来，这种培养基称为选择培养基。例如培养肠道致病菌的 SS 琼脂，其中的胆盐能抑制革兰阳性菌，枸橼酸钠和煌绿能抑制大肠杆菌，因而使致病的沙门菌和志贺菌容易分离到。若在培养基中加入抗生素，也可起到选择作用。实际上有些选择培养基、增菌培养基之间的界限并不十分严格。

用于培养和区分不同细菌种类的培养基称为鉴别培养基。利用各种细菌分解糖类和蛋白质的能力及其代谢产物不同，在培养基中加入特定的作用底物和指示剂，一般不加抑菌剂，观察细菌在其中生长后对底物的作用如何，从而鉴别细菌。

专供厌氧菌的分离、培养和鉴别用的培养基，称为厌氧培养基。这种培养基营养成分丰富，含有特殊生长因子，氧化还原电势低，并加入美蓝作为氧化还原指示剂。

此外，还可根据对培养基成分了解的程度将其分为两大类：①化学成分确定的培养基，又称为合成培养基；②化学成分不确定的培养基，又称天然培养基。也可根据培养基的物理状态的不同分为液体、固体和半固体三大类：①液体培养基可用于大量繁殖细菌，但必须种入纯种细菌；②固体培养基常用于细菌的分离和纯化；③半固体培养基则用于观察细菌的动力和短期保存细菌。

◀️ 李斯特和消毒杀菌法

许多人都曾用过一种叫"李斯特灵"的消毒药水，它正是为了纪念伟大的外科医师约瑟夫·李斯特而命名的。李斯特是一位微生物学家，他首倡于外科手术时采用消毒杀菌法，使手术后的病人由很高的细菌感染及死亡率降低至几乎为零，造福了全人类。

1827 年 4 月 5 日，李斯特在伦敦出生。他从小就十分喜欢大自然，从他父亲那里学会使用显微镜来观察动物的组织，也喜欢制作动物标本。在父母的悉心教导下，李斯特6 岁就能书写信笺。11 岁进入他父亲和哥哥所进过的在黑钦的学校上学，而且学习非常

约瑟夫·李斯特

优秀。13 岁时，他进入了头登翰的教友派教会学校上学。在这所学校求学期间，他写了《有关骨骼构造》《人与猿构造上之相似处》等 4 篇论文。

1843 年，李斯特进入伦敦大学院学习，选修植物学、希腊文和数学。1847 年他完成了学士学位，并开始习修医科的课程。不幸的是，他因患了天花而暂时中断学业到欧洲旅行散心。1849 年他回到了伦敦大学院继续学业。有两位教授对他的影响很大，一位是钟斯，一位是夏培。在这两位教授的影响下，李斯特作了有关组织学方面的研究并发表了 2 篇论文。

1852 年，李斯特完成了医学士的课程。在夏培教授的推荐下，他前往爱丁堡拜访当时最负盛名的外科教授夏姆。他成为夏姆教授家中的贵宾，从此建立了他们一生的亲密关系。夏姆教授后来成为李斯特的岳父。

1854 年，李斯特成为夏姆教授任教医学院的外科医生。次年，他当选了爱丁堡皇家外科学院的院士。

在爱丁堡，李斯特爱上夏姆教授的长女安妮并于 1856 年 4 月 23 日举行婚礼。他们的婚姻非常美满，安妮一直是他忠心的伴侣，悉心照顾与帮助他，

为他作许多病人的病历记录。

　　李斯特一方面行医，一方面也在爱丁堡大学医学院任教与研究。他曾开过"外科的原理与实践""外科病理学"等课程。有时候他也在皇家医院作外科手术示范。其间他也发表了许多论文，1857 年他在伦敦的皇家医学会宣读 3 篇论文，其中最主要的一篇叫《早期炎症》，对发炎的病变有很深入的观察与发现。他的外科手术也是非常精湛的，因此声誉卓著。数年间，他便以 33 岁之龄当选了皇家学会的院士。此时他已发表了 15 篇重要的论文。

李斯特在医院

　　1860 年，李斯特被任命为苏格兰第二大的格拉斯哥大学外科教授兼系主任。由于这个职务是以教学为主，不需要照顾病患，因此他有更多的时间从事研究。他特别注意医院内的疾病，尤其对发炎组织的病变有兴趣。

　　当时的外科手术已有了长足的进步，但是仍有 30% ～ 80% 的病人在手术后死亡。一般人常说："宁可将外科医院焚毁，也不要进去。"此时，李斯特对外科手术已经做了不少技术方面的改进。例如，他发明银丝缝口针、摘取微物的钩子、医用钳子、压脉器等。他也设计了许多绷带、缝合线、排脓管等。他的手术技术非常高超，许多困难且复杂的手术，如白内障、尿道结石、乳房癌之切除、膝盖骨折的处理与缝合、膀胱切除手术等他都非常精通。

知识小链接

白内障

　　白内障是发生在眼球里面晶状体上的一种疾病，任何晶状体的混浊都可称为白内障。但是当晶状体混浊较轻时，没有明显地影响视力而不被人发现或被忽略而没有列入白内障行列。根据调查，白内障是最常见的致盲和视力残疾的原因，人类约 25% 患有白内障。

在李斯特的时代，外伤或手术后发炎感染及化脓被认为是自然现象，而死亡是命运所注定的。这种看法，李斯特却不敢苟同。他发现没有破皮流血的简单骨折很容易痊愈，也很少发炎化脓，但是破皮流血的复杂骨折则经常伴随着发炎化脓、发高烧而死亡。他也怀疑外科医生本身是造成手术后感染及造成病人死亡的罪魁祸首。他推测发炎化脓并不是自然现象，而可能是外界的"魔鬼"进入伤口所引起的。

于是李斯特精心设计了一套试验来探讨这个问题，但是他所设计的试验却遭到他的医生同事的嘲笑与排斥。例如在手术之前，他要求医生彻底地洗手，要脱掉罩袍，要卷起袖口。其他医生却对这些行为不以为然。因为外科医生的黑色罩袍在当时被认为是光荣的徽章，是外科医生的荣誉制服。这些黑色罩袍常年未洗、血迹斑斑，纽扣孔还挂满了缝补伤口的丝线。但是李斯特的试验并未获得成功，手术后的感染与死亡率依然很高。

1865 年，李斯特的一位朋友汤姆士·安德森教授唤起了他的注意。安德森教授是一位化学家，他叫李斯特看法国巴斯德最近发表的 2 篇论文。一篇是叙述空气中的微生物与生命自然生成的关系，另一篇是说明蛋白质的腐化现象。此时李斯特顿然明白了，手术后伤口的发炎化脓是由外界的细菌进入伤口所致。这些病人是死于细菌的感染，而不是命中注定的。

因此，李斯特也推想出那些未破皮流血的骨折与破皮流血的骨折为何会有那么大的差别。那些破皮流血的骨折将伤口暴露于空气中，使外界的细菌从伤口进入体内而造成发炎与化脓。这些微生物不但存在于空气中，也存在于肮脏的罩袍、纽扣孔上的缝合丝线、没洗干净的器械以及外科医生的脏手上。如果能防止这些微生物进入伤口，是否就能防止伤口发炎化脓及病人的死亡呢？

就在这个时候，来了一位在污水厂工作的访客。他告诉李斯特，德国人发明一种石炭酸，将这种石炭酸倒入污水里可以杀菌及减少臭味。于是李斯特从他的化学教授朋友处取得一些石炭酸，将之浸泡包扎伤口的绷带，并于 1865 年的 8 月 12 日施用在一个 11 岁男孩的骨折伤口上。结果伤口没有发炎，没有化脓，也没有发烧与死亡。

于是李斯特说服与他一起工作的助理们，将手术室重新整顿。一切与病人接触的东西，如绷带、手术用器械、缝针及缝线等都必须在石炭酸中浸泡过。将旧有的黑色罩袍丢弃，改用白色消毒过的围裙，就连手术室的空气中也要喷洒石炭酸。手术前，他与助理们的手都要在石炭酸中浸泡过。一年多时间里他悉心地改进这种手术前后的消毒措施。他的手术房中充满了石炭酸的气味，但是手术后的发炎感染与死亡再也没有发生过。

历史悠久的爱丁堡大学

1867 年，李斯特将石炭酸消毒措施降低手术后死亡率的结果写成论文，发表在医学杂志上。遗憾的是，他的论文并没有引起同行的共鸣与认同——那时候医生并没有消毒杀菌的概念。有些医生也曾试用石炭酸，但是使用不当，也未获得预期的效果。因此许多医生对李斯特的研究结果采取怀疑与保留的态度。而最让李斯特难过的是，他在格拉斯哥大学的医生同事们也拒绝采纳他的见解与措施。他们在报上撰文攻击李斯特，指控李斯特的做法是非职业性的。这对李斯特的打击很大。

李斯特从事消毒杀菌的动机是关心病人，期望他们能早日康复。他每天都探视病人，亲自替他们换绷带，甚至更换床单、拿热水炉等。当他的医生同事嘲笑他时，他继续钻研如何改进消毒杀菌的措施与外科手术的技术。他也想尽办法来鼓舞病人，带给病人欢笑与希望。

1869～1877 年，李斯特回到爱丁堡大学当教授，这是他生平最快乐的时光。那里的师生同事不但欢迎他，也接受他消毒的措施。此时，他也到各地去演讲，说明及推广他的消毒理论与方法。虽然在英格兰的医生

拓展阅读

石炭酸

又名石炭酸、羟基苯，是最简单的酚类有机物，一种弱酸。常温下为一种无色晶体，有毒。苯酚是一种常见的化学品，是生产某些树脂、杀菌剂、防腐剂以及药物（如阿司匹林）的重要原料。

仍然固执地对他的消毒措施不以为然，但是世界各地的医生们却惊奇于爱丁堡医院手术后的低感染与死亡率，纷纷派人来学习，他们将这消毒杀菌的措施带回去执行。

1875 年，欧洲各地都盛大欢迎李斯特的到访。德国慕尼黑为了欢迎他而举办盛大的庆祝会，因为慕尼黑的医院采用了李斯特的消毒措施后，外科手术的感染死亡率从 80% 降至零。就连美国波士顿的哈佛大学也热烈欢迎他到访演讲。最终，伦敦方面的医生也终于接受了他的消毒措施。

1876 年，德国的细菌学家科赫医生出版了一部关于伤口感染的书，说明了空气中及四周环境中的微生物会引起感染。一些德国的医生用烧开的水来杀菌，而不用药味很重的石炭酸。事实上，李斯特也说过，重要的不是在于使用石炭酸，而是有没有病原菌造成伤口的感染。

李斯特最重要的贡献是他一生都在倡导的消毒杀菌措施，拯救了无数的生命。这种消毒措施，早在 1847 年匈牙利医生辛默维斯就已提倡了。可惜的是，由于辛默维斯的个性与沟通能力原因，使此项措施并未引起大众的重视与接受。李斯特并非受到辛默维斯的影响而发明消毒杀菌措施，他的灵感是来自巴斯德的论文与他自身的观察，再加上他那济世救人的心灵与坚韧不拔的决心，方能成就其伟大的功业。

匈牙利医生辛默维斯（1818—1865）

1893 年，李斯特从金氏学院退休。同年他的妻子因受到风寒而发高烧最后死去，这对李斯特的打击很大。他放弃了继续行医的念头，回到苏格兰的格拉斯哥过着隐士般的生活。但是世人并未遗忘他，1883 年，他被封为从男爵；1895 ~ 1900 年，他仍被选为皇家学会的主席；1897 年晋身为贵族。许多外国政府颁给他各种荣誉，他也广受人们的欢迎与爱戴。

1903 年，他心脏病发作，从此脸色苍白，视力听力都不行，也无法再执笔写作了。

1912年2月的某一清晨，他在睡梦中去世。英国政府于2月16日在伦敦的西敏寺大教堂为他举行国葬，首相及政府高级官员都来参加葬礼。之后，将其灵柩送至伦敦西北部的西汉普斯特坟场，安葬在其爱妻安妮的墓旁。

物理消毒灭菌法

一般情况下，为了清除环境中的细菌，通常采用物理、化学及生物的方法来切断传播途径，保护易感人群，从而控制或消灭传染病。在了解消毒灭菌的知识之前，必须先弄懂几个术语。

消毒：它指的是杀灭物体上病原细菌的方法。用于消毒的化学药品称消毒剂。常用浓度下的消毒剂，只对细菌繁殖体有效，对其芽孢则需提高消毒剂浓度和延长作用时间才能杀灭。

灭菌：它是指杀灭物体上所有细菌，包括细菌芽孢的方法。

无菌：它指的是在物体中没有活的细菌存在。防止细菌进入机体或物体的方法，称为无菌操作或无菌技术。进行微生物学实验、外科手术、换药、注射时，均需严格遵守无菌操作规定。

防腐：它是一种防止或抑制细菌在物体中生长繁殖的方法。用于防腐的化学药品称防腐剂。使用同一种化学药品低浓度时为防腐剂，高浓度则为消毒剂。

卫生清理：它是将微生物污染了的无生命物体表面还原为安全水平的处理过程。例如医院内的病房、病人使用过的用具、布类的卫生处理等。

最常用的消毒灭菌法是物理消毒灭菌法，它通常包括热力、紫外线、辐射、超声波、滤过除

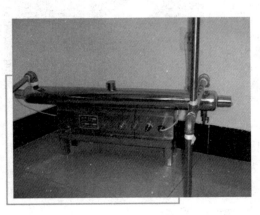

紫外线杀菌器

菌、干燥法等。

　　热力能破坏微生物的蛋白质和核酸，使蛋白质变性凝固，核酸解链崩裂，从而导致其死亡。热力消毒灭菌法主要包括干热灭菌法和湿热消毒灭菌法。

　　干热灭菌法通常采用焚烧、烧灼、干烤等方法。

　　焚烧仅用于废弃的被病原细菌污染的物品、垃圾、人及动物尸体等。烧灼用于微生物实验室的接种环、金属器械、试管口、瓶口等的灭菌；干烤指的是使用干烤箱灭菌，一般需加热至 160℃ ~170℃ 经 2 个小时后可达到灭菌的目的。它适用于玻璃器皿、瓷器、金属物品等的灭菌；湿热消毒灭菌法包括巴氏消毒法、煮沸法、流通蒸气法、高压蒸气灭菌法等。

将水煮沸可用于杀菌

　　巴氏消毒法因法国学者巴斯德创用而得名。主要以较低温度杀灭病原菌或特定微生物，而使物品中不耐热成分不被破坏。这种消毒法通常有两种：①加热到 61.1℃ ~62.8℃ 并持续 30 分钟；②加热到 71.7℃ 并持续 15 ~30 秒。现在人们多用后一种方法对牛奶进行消毒；煮沸法指将物体煮沸 100℃ 持续 5 ~10 分钟，这样就可杀死细菌繁殖体，但芽孢则需要煮沸 1 ~2 小时才能被杀死。这种方法通常用于注射器、食具与饮水的消毒；流通蒸气法是用阿诺蒸锅或普通蒸笼，加热 100℃，持续 15 ~30 分钟，这样可以杀灭细菌的繁殖体。如果将消毒后的物品放入 37℃ 的孵箱进行培养，使芽孢发育成繁殖体，次日再蒸一次，如此连续 3 次以上，则可以达到灭菌效果，这种方法称为间歇灭菌法。这种方法常用于不耐高温的物品，比如糖类、血清和鸡蛋培养基等；高压蒸气灭菌法是一种迅速而有效的灭菌方法。它使用高压蒸气灭菌器，利用加热产生蒸气，随着蒸气压力不断增加，温度随之升高，当器内温度达到 121.3℃ 时，维持 15 ~30 分钟，就可杀灭包括芽孢在内的所有细菌。此法常用于一般培养基、生理盐水、手术器械及敷料等耐湿和耐高温物品的灭菌。

除了热力灭菌法外，采用紫外线与电离辐射消毒效果也非常显著。

普通蒸笼也可用来消毒

日光消毒是最简单、经济的方法，只要将病人的被褥、衣服、书报等在日光下曝晒数小时，可杀死表面的大部分微生物。日光中杀菌的成分主要是紫外线。紫外线的波长在 200～300 纳米时具有杀菌作用，其中以 265～266 纳米波长的紫外线杀菌力最强。紫外线的杀菌原理主要是细菌 DNA 吸收紫外线后，一条链上相邻的 2 个嘧啶通过共价键结合形成二聚体，从而干扰了 DNA 的正常碱基配对，导致细菌死亡或变异。

紫外线能透过石英，但不能穿过一般玻璃或薄纸，因此，紫外线只适用于物体表面及空气的消毒，例如手术室、婴儿室、传染病房、无菌制剂室、微生物接种室的空气消毒。

X 射线、γ 射线、阴极射线等电离辐射也有较高的能量与穿透力，因而可产生较强的致死效应。其机制在于产生游离基，破坏细菌的 DNA。此法常用于大量一次性医用塑料制品的消毒，也可用于中药成药和食品的消毒，而不破坏其化学成分和营养成分。

超声波消毒灭菌的效果也不错。超声波杀菌机制主要是它通过水时发生空化作用，从而破坏了细菌细胞质的胶状体，使其胞膜、胞质分离，胞壁及胞膜破碎致细菌繁殖体死亡。此法主要用于粉碎细胞，以提取细胞组分或制备抗原等。

微波是一种波长为 1 毫米至 1 米的电磁波。它能穿透玻璃、塑料薄膜、陶瓷等物质，但不能穿透金属表面。目前用于消毒的微波有 2450 兆赫与 915 兆赫两种。它常用于检验室用品、非金属器械、无菌病室的食品用具及其他用品的消毒。

除这些外，用滤菌器阻留过滤液体和气体的细菌的滤过除菌法也可以达到无菌的目的。滤菌器含有微细小孔，只允许液体或气体通过，而大于孔径的细菌等颗粒不能通过。常用滤菌器有蔡氏滤器、玻璃滤器、薄膜滤器及高效颗粒空气滤器 4 种。主要用于不耐热的血清、抗毒素、生物药品以及空气等的除菌。

滤膜滤器由硝基纤维素制成薄膜，装于滤器上，其孔径大小不一，常用于除菌的为 0.22 微米。硝基纤维素的优点是本身不带电荷，故当液体滤过后，其中有效成分丧失较少。

知识小链接

硝基纤维素

纤维素分子中每个葡萄糖单元含有三个游离的羟基，用浓硝酸和浓硫酸处理时，可转化为硝基纤维素，呈微黄色，外观像纤维，产物的性质和用途取决于硝化的程度，当三个游离羟基都被硝化时产生三硝酸纤维素，通常称为火棉，含氮量为 12.5% ~13.6%，可用于制造无烟火药。当硝化程度低时，称为硝棉。不溶于水，溶于甲醇、丙酮、冰醋酸等，微溶于 1:3（体积）的乙醇 - 乙醚混合溶剂。干燥的硝酸纤维素非常敏感，受摩擦或冲击立即爆炸。含水量对它的引爆性影响很大，含水 1% ~2% 时瞬间可以引爆，含水 7% 时勉强可以爆炸，当含水量高于 20% 后不燃烧也不爆炸。长期暴露于日光下可发生分解。

蔡氏滤器是用金属制成的，中间夹石棉滤板，按石棉分 K、EK、EK - S 三种，常用 EK 号除菌。

玻璃滤器是用玻璃细沙加热压成小碟，嵌于玻璃漏斗中一般为 G1、G2、G3、G4、G5、G6 六种，G5、G6 可阻止细菌通过。

实验室等应用的超净工作台，就是利用过滤除菌的原理去除进入工作台空气中的细菌。

多数细菌的繁殖体在空气中干燥时很快死亡，例如脑膜炎双球

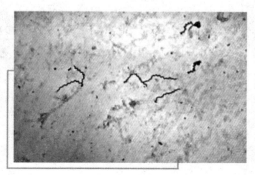

梅毒螺旋体

菌、淋球菌、霍乱弧菌、梅毒螺旋体等。有些细菌抗干燥力较强，尤其有蛋白质等物质保护时。例如溶血性链球菌在尘埃中存活 25 日，结核杆菌在干痰中数月不死。芽孢抵抗力更强，例如炭疽杆菌耐干燥 20 余年。干燥法常用于保存食物、浓盐或糖渍食品，可使细菌体内水分逸出，造成生理性干燥，使细菌的生命活动停止。

化学消毒法

除了物理消毒法，化学消毒法也常常被采用。在当前，许多化学药物都有抑制或杀灭细菌的作用。按作用不同，将其分为化学消毒剂和化学治疗剂两类，分别用于消毒、防腐和治疗疾病。

具有杀死微生物的化学药物称消毒剂。消毒剂对人体有毒性作用，只能外用，不能内服。主要用于皮肤黏膜的伤口、器械、排泄物和周围环境的消毒。消毒剂在低浓度时也可作防腐用，但防腐剂的关键是应要对人体无毒性作用。

知识小链接

防腐剂

防腐剂主要作用是抑制微生物的生长和繁殖，以延长食品的保存时间。防腐剂是抑制物质腐败的药剂。食品防腐剂能抑制微生物活动，防止食品腐败变质，从而延长食品的保质期。绝大多数饮料和包装食品想要长期保存，往往都要添加食品防腐剂。防腐剂是用以保持食品原有品质和营养价值为目的的食品添加剂，它能抑制微生物活动、防止食品腐败变质从而延长保质期。规定使用的防腐剂有苯甲酸、苯甲酸钠、山梨酸、山梨酸钾、丙酸钙等25种。

消毒剂种类、浓度与用途

类别	名称	浓度	用途
重金属盐类	红汞	2%	皮肤黏膜的小创伤消毒
	升汞	0.05%～0.1%	非金属器皿浸泡消毒
	硝酸银	1%	新生儿滴眼防淋球菌感染
氧化剂	高锰酸钾	0.1%	皮肤黏膜消毒
	过氧化氢	3%	皮肤黏膜创口消毒
	过氧乙酸	0.2%～0.5%	塑料、玻璃器材消毒
	碘酒	2.0%～2.5%	皮肤消毒
	氯	2×10^{-7}～5×10^{-7}	饮水及游泳池消毒
	漂白粉	10%～20%	地面、厕所与排泄物消毒
醇类	乙醇	70%～75%	皮肤、体温表消毒
酚类	石炭酸	3%～5%	地面、器具表面的消毒
	来苏	2%	皮肤消毒
醛类	甲醛	10%	物品表面、空气消毒
	戊二醛	2%	精密仪器、内窥镜消毒
表面活性剂	新洁尔灭	0.05%～0.1%	皮肤黏膜、器械消毒
	杜灭芬	0.05%～0.1%	皮肤创伤冲洗、金属器械、塑料、橡皮类消毒
染料	龙胆紫	2%～4%	浅表创伤消毒
酸碱类	醋酸	加等量水蒸发	空气消毒
	食醋	2%熏蒸	消毒空气
	生石灰	加水 1:4 或 1:8 配成糊状	排泄物及地面消毒

　　不同的化学消毒剂其作用原理也不完全相同，大致归纳为 3 个方面。一种化学消毒剂对细菌的影响常以其中一方面为主，兼有其他方面的作用。

　　（1）改变细胞膜通透性。表面活性剂、酚类及醇类可导致胞浆膜结构紊乱并干扰其正常功能，使小分子代谢物质溢出胞外，影响细胞传递活性和能量代谢，甚至引起细胞破裂。

（2）蛋白变性或凝固酸、碱和醇类等有机溶剂可改变蛋白构型而扰乱多肽链的折叠方式，造成蛋白变性，如乙醇、大多数重金属盐、氧化剂、醛类、染料、酸碱等。

（3）改变蛋白与核酸功能基团的因子作用于细菌胞内酶的功能基（如 SH 基）而改变或抑制其活性，如某些氧化剂和重金属盐类能与细菌的 SH 基结合并使之失去活性。

消毒灭菌效果受细菌种类、消毒剂及环境等多种因素影响。主要体现在：

（1）消毒剂的性质、浓度与作用时间。①各种消毒剂的理化性质不同，对微生物的作用大小也有差异。例如表面活性剂对革兰阳性菌的灭菌效果比对革兰阴性菌好，龙胆紫对葡萄球菌的效果特别强。②同一种消毒剂的浓度不同，其消毒效果也不一样。大多数消毒剂在高浓度时起杀菌作用，低浓度时则只有抑菌作用。③在一定浓度下，消毒剂对某种细菌的作用时间越长，其效果也越强。④若温度升高，则化学物质的活化分子增多，分子运动速度增加使化学反应加速，消毒所需要的时间可以缩短。

拓展阅读

高锰酸钾

高锰酸钾，也叫灰锰氧、PP 粉，是一种常见的强氧化剂，常温下为紫黑色片状晶体，易见光分解，故需避光存于阴凉处，严禁与易燃物及金属粉末同放。高锰酸钾以二氧化锰为原料制取，有广泛的应用，在工业上用作消毒剂、漂白剂等；在实验室，高锰酸钾因其强氧化性和溶液颜色鲜艳而被用于物质的鉴定，酸性高锰酸钾溶液是氧化还原滴定的重要试剂；在医学上，高锰酸钾可用于消毒、洗胃。

（2）微生物的污染程度。微生物污染程度越严重，消毒就越困难，因为微生物彼此重叠，加强了机械保护作用。所以在处理污染严重的物品时，必须加大消毒剂浓度，或延长消毒作用的时间。

（3）微生物的种类和生活状态不同的细菌对消毒剂的抵抗力不同，细菌芽孢的抵抗力最强，幼龄菌比老龄菌敏感。

（4）环境因素。当细菌和有机物（特别是蛋白质）混在一起时，某些消毒剂的杀菌效果会受到明显影响。因此在消毒皮肤及器械前，应先清洁再消毒。

（5）温度、湿度、酸碱度。消毒速度一般随温度的升高而加快，所以温度越高消毒效果越好。湿度对许多气体消毒剂有影响。酸碱度的变化可影响消毒剂杀灭微生物的作用。例如，季胺盐类化合物的戊二醛药物在碱性环境中杀灭微生物效果较好，酚类和次氯酸盐药剂则在酸性条件下杀灭微生物的作用较强。

高锰酸钾

（6）化学颉颃物。阴离子表面活性剂可降低季胺盐类和洗比泰的消毒作用，因此不能将新洁尔灭等消毒剂与肥皂、阴离子洗涤剂合用。次氯酸盐和过氧乙酸会被硫代硫酸钠中和，金属离子的存在对消毒效果也有一定影响，可降低或增加消毒作用。

防腐剂是指用于防腐的药物。生物制剂（如疫苗、类毒素、抗毒素等）中常加入防腐剂，以防止杂菌生长。常用防腐剂有 0.5% 石炭酸、0.01% 硫柳汞和 0.1% ~0.2% 甲醛等。

化学治疗剂指的是用于治疗由微生物或寄生虫所引起疾病的化学药物。化学治疗剂具有选择性毒性作用，能在体内抑制微生物的生长繁殖或使其死亡，对人体细胞一般毒性较小，可以口服、注射。化学治疗剂的种类很多，常用的有磺胺类、呋喃类、异烟肼等。

➡ "罐头" 与细菌

1795 年的一天，巴黎街头的布告栏贴出的一张政府公告，引起了许多人的兴致。布告说："皇帝悬赏 12 000 法郎征求食品贮藏法。要求能够在任何气候条件下，任何地方都能长期贮存而不腐败，保持味道新鲜。"

发布这个布告的皇帝就是拿破仑。他率领他手下的军队远征非洲，横扫欧洲，取得了一系列辉煌的胜利。但在长期的征战中，使拿破仑大为头痛的一个

拿破仑像

问题就是军队的食物供给。后勤部队由于受许多像锅灶、燃料一类的笨重东西拖累，行进速度往往跟不上战斗部队。紧张的战斗常常是连续进行的，不允许士兵们自己烧饭吃，如果带上新鲜食物吧，又很容易腐败。而军队的吃饭问题，往往直接影响到战争的胜负。出于无奈，拿破仑只好贴出了这个布告。

在当时来说，12 000 法郎是一个相当吸引人的巨额数目。许多人马上开始进行研究和试验，一个名叫阿贝尔的巴黎人就是其中一个。

阿贝尔是一个多年从事蜜饯食品加工的商人，具有丰富的食品加工知识和经验，而且还精通点心制作和葡萄酒、威士忌酿造技术。

根据自己的实践，阿贝尔知道，放在陶瓷罐和玻璃瓶里的食品易于保存，因此首先应选择它们作为食品机器。其次，保存食品时，空气是令人讨厌的，如果将咸菜装到罐子里，塞得紧紧的，那么最先发生霉腐的，就是与空气接触最多的最上面那一层，所以，食品应尽量隔绝空气保存。阿贝尔根据这样的思路进行试验。但由于条件所限，他无法将食品与空气隔绝，所以一无所获。

1804 年初夏的一天，阿贝尔要制作点心了。他将一些果汁煮沸，然后放在罐子里冷却。为了防止灰尘落进去和虫子爬进去，他用软木塞将罐口塞好。可是，等到他准备揉制点心时，伙计却告诉他，库房里的面粉用完了，而且，这种最适合做果汁点心的面粉眼下巴黎还缺货，阿贝尔叹了一口气，只得解下围裙。

等到面粉到来，已经是 3 个月后的事情了。阿尔贝揉好面，拿出那个罐子，想把里面的果汁倒掉。因为放了这么长时间了，毫无疑问，罐子里的果汁早就坏了。大概是当时无意中把软木塞塞得太紧了吧，阿贝尔怎么也无法拔出塞子。于是他找了把刀子来，把软木塞撬掉。刹那间，一股果香冒出了罐口。阿贝尔大为惊奇，鼻子凑上去一闻，居然没有预料中的馊味。

阿贝尔的脑子飞快地开动起来，感到可以用这种方法来保存食品。于是他赶紧去找了些肉来，装进瓶子里，再放到蒸锅中蒸了 2 个小时，然后把瓶子取出来，乘热将软木塞塞紧，为了不让空气进入瓶内，还特地用蜡把瓶口密封好。这回，他将瓶子放上了 2 个月，到夏去秋临时，他打开瓶子一尝，味道果然和当初一样。

阿贝尔高兴地向政府报告了他的"密封容器贮藏食品新技术"。拿破仑一听，非常高兴，下令按照阿贝尔所说的工艺制成一些密封玻璃瓶装食品，让海军带到海上去经受酷暑和潮湿的考验。几个月后，一份由海军司令签署的鉴定报告送交了拿破仑——保存 3 个月后，加肉或未加肉的豆角和青菜依然保持鲜度和鲜菜的美味。

1809 年，阿贝尔终于得到了拿破仑颁发的那笔 12 000 法郎的赏金。他用这笔钱继续进行瓶装罐头的改良研究，还建立了一个罐头食品厂。阿贝尔的罐头工厂，产品有 70 种之多。他的食品保藏方法很快地从法国传到欧洲其他各国。

可是，这也出现了一个问题，瓶装罐头用的是玻璃瓶，比较重，也容易碰碎。能不能用更好的材料来取代玻璃瓶做罐头呢？

英国罐头商丢兰特想到了这个问题。一天，他在喝茶时，看到了茶叶罐，心里不由一动。当时英国人饮用的茶叶都是从遥远的中国运来的，最早，茶叶是用木箱或竹筒盛装的，后来，中国人用锡罐来装茶叶，使茶叶不易受潮变味。19 世纪初，在发明了铁皮上镀上一层锡的马口铁后，就改用马口铁来装茶叶了，既轻巧，又密封，还不易碰坏，便于运输。

能不能用马口铁来替代玻璃瓶密封食品呢？丢兰特一跃而起，跑到工场里试了起来。他将食品装入马口铁罐，经过高温加热之后，趁热用焊锡把罐口焊好。世界上第一只铁皮罐头就这样制成了。

1823 年，丢兰特在英国申请了发明专利，开办了世界上第一家马口铁罐头厂。可由于这种听装的罐头完全用手工生产，成本十分昂贵，直到 1847 年发明了专门压制罐头的机器后，罐头食品的成本才降了下来。

在 20 世纪的 60 年代，由于塑料工业的发展，复合薄膜包装的"软罐头"又异军突起。由于它体积小、重量轻、柔软易开，因此非常适合现代社会的需要。其发展之快，大有取代瓶装、罐装等传统罐头之势。

不过，传统罐头在新形势下也屡有新发明。在罐头生产中一路领先的美国人在20世纪80年代推出了一种"冷气罐头"。这是一种化学罐头，罐内有一夹层，封有一种化学物质，另有一种化学物质另行装小罐，成双出售。使用时将小罐中的化学物质倾入夹层中，再加入冷水，即能制冷，使罐内食品变得冰凉。

美国的一些厂商还专为野战部队生产了一种"热罐头"，里层放食物，夹层放发热剂，打开罐头后在夹层中注入冷水，发热剂与水反应后放出热量，就把罐头里的食品加热了。

日本人还别出心裁地研究成功了一种"活鱼罐头"投入市场。北海道札幌市的藤林水产公司把捕捞起来的活鱼，放在"维他水"（50%的二氧化碳与50%的氧气的混合气体注入清水中）里进行处理，使活鱼麻醉处于昏睡状态，然后装罐封口。罐内的活鱼在两三天内不会死。食用前打开罐头，将鱼放到清水里，用不了10分钟，鱼就会苏醒过来。

罐头的发明，标志着人类在征服细菌的道路上又前进了一步。

▶ 奇妙的噬菌体

世间万物都是相生相克的，即所谓一物降一物。大象这个庞然大物，偏偏最怕小老鼠；人，也被微乎其微的细菌折磨得痛苦不堪。但你是否知道，细菌也害怕比它还小得多的另一种微生物，这是什么呢？它就是噬菌体。

顾名思义，噬菌体专门对付细菌。噬菌体是病毒的一种，它个子很小，只有用电子显微镜才能观察到。

噬菌体有许多特性。它营寄生生活。噬菌体寄生在细菌体内，噬菌体对细菌的"兴趣"具有特异性，也就是说，一种噬菌体只对一种特定的细菌感"兴趣"。例如大肠杆菌噬菌体，只寄生并"吞食"大肠杆菌，对别的细菌则不闻不问。

那么，噬菌体是如何噬菌的呢？这首先要从噬菌体的结构说起。噬菌体是由它的蛋白质外壳和被外壳包着的核酸（遗传物质）组成的。它的尾部有

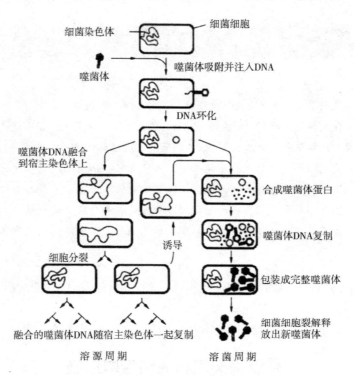

噬菌体的噬菌与生命周期

几根尾丝，可以牢牢地吸附在细菌身上。当它吸附在细菌身上之后，就会分泌出一种溶菌酶，在细菌的细胞壁上溶解出小孔，把自身的遗传物质（核酸）注入细菌体内，而它的蛋白质外壳却始终留在细菌体外。噬菌体的遗传物质（核酸）利用细菌的原料，以自己为样板，开始了复制工作。等到复制工作完成之后，噬菌体重新给自己和同伴们穿上蛋白质外衣。这时细菌已面貌全非，于是噬菌体就冲破了名存实亡的细菌细胞壁，成为一个个独立的新生噬菌体。噬菌体繁殖复制速度惊人，在 15 分钟至几小时之内就可完成，它们也正是利用如此迅速和大量的繁殖才能够得以生存。

　　噬菌体能吃细菌，是不是就有益无害了呢？其实不然。在我们利用一些有益菌类生产抗生素、酒精、醋酸、味精等产品时，如果不幸感染了噬菌体，它们就会不问青红皂白一通胡砍乱杀，有益菌体也被消灭干净，这样，就会给我们带来巨大的损失。

知识小链接

噬菌体

在微生物界，同样存在类似动植物界的食物链一样的关系。"捕食"细菌的生物，正是科学家们研究微生物的一种强有力的工具：噬菌体。噬菌体是感染细菌、真菌、放线菌或螺旋体等微生物的细菌病毒的总称。作为病毒的一种，噬菌体具有病毒特有的一些特性：个体微小；不具有完整细胞结构；只含有单一核酸。噬菌体基因组含有许多个基因，但所有已知的噬菌体都是在细菌细胞中利用细菌的核糖体、蛋白质合成时所需的各种因子、各种氨基酸和能量产生系统来实现其自身的生长和增殖。一旦离开了宿主细胞，噬菌体既不能生长，也不能复制。

由此可以看到，噬菌体的这一特性，有利也有弊，只有透彻研究，才能做到心中有数，从而兴利除弊。

❖ 梅契尼科夫和吞噬细胞

病菌进入人体之后，不一定会使人生病，因为人体内有一种细胞像哨兵一样时刻警惕地在体内巡逻，一旦发现病菌入侵，就会围歼病菌，把它们全部吃掉，这样人体就会避免得病。这种细胞被称为吞噬细胞。

最早发现吞噬细胞的是俄国细菌学家梅契尼科夫。

梅契尼科夫，1845年生于乌克兰的伊凡诺夫卡，他是一位皇家禁卫军官的儿子，受到俄罗斯帝国最高级的教育。他还不到20岁时曾自信地说过："我有热诚和才能，我天资不凡，我有雄心壮志，要做一个

梅契尼科夫的家乡乌克兰

出类拔萃的科学家！"

　　17 岁时，梅契尼科夫进入哈尔科夫大学学习，雄心勃勃地要搞科学研究。他向老师借了一架显微镜。在用显微镜连续观察某种甲虫几个小时后，自认为对它已经钻研透了，于是就写出关于这种甲虫的文章，投寄给科学刊物。但第二天再去看这些甲虫时，发现昨天那么肯定的东西，今天全变样了，于是又赶快给刊物编辑写信，说："昨天寄上的稿子请勿发表，我发现我弄错了。"

　　梅契尼科夫几个月不去听老师讲课，沉迷于"蛋白质结晶"的学术研究，同时阅读一些带有煽动性的小册子，这些小册子若被警察发现，就会把他押送到西伯利亚矿山去做苦工。到临近考试时，他玩命突击功课。他具有惊人的记忆力，考试时竟然考了第一，还获得了金质奖章。他在大学里读了 2 年，便去德国留学深造，动物学家西博尔德曾是他的老师。

　　1867 年，梅契尼科夫回到俄国，在敖德萨大学谋到了一个学术研究的职位。他的视力很差，脾气暴躁，工作条件又很艰苦，这些给他带来无穷的烦恼。

　　在那个时代，学者根本不被重视，学者的言行甚至受到暗中监视。在敖德萨大学教动物学和解剖学的梅契尼科夫，不满当局的暴政并阻挠科学研究，发表了一些不满言论。他对学生说，做皇帝的人如果搅扰学者的研究，便是自取毁灭。这句话惹恼了当局，他几次提出申请出国进修，都没获得批准，他只得出逃了。

　　1882 年秋末，一艘海船被扣在敖德萨港里，上船来的兵丁对乘客一一盘查搜索，一位年近 40 岁的商人的行李被兵丁翻得乱七八糟，旁边的一名军官好像有点过意不去，对商人解释说是刚接到密令，说有一名教授积欠田赋，抗不缴纳，现在逃跑了。商人说道："他要逃早就逃了，何至于搭乘这最后的一班船？"军官说："我们也这样想，可这是命令，我们也算尽了职，可以上岸交差去了。"其实，这个商人就是官方要抓的教授梅契尼科夫乔装的。

　　梅契尼科夫来到了地中海的西西里岛，他梦想着在微生物学方面搞出成绩，然而，他在这方面所知甚少，他不懂研究微生物的方法。在这里，他和在德国留学时的一位法国同学合作，整天在实验室里观察，沉醉于微生物及各种病菌的本性和习惯的研究，整整 6 年时间不闻不问世事。梅契尼科夫对消化问题很感兴趣，他在研究躯体透明的简单动物时，注意到这些动物有半独立的细胞，这些细胞虽不直接参与消化过程，但却能够吞食微小的颗粒。动物受到任何损害都会把这些细胞调集到受害部位。

海 星

一天，梅契尼科夫开始研究海星消化食物的方法，他把一些粉红色的颗粒放进了一只海星的幼体内。海星幼体透明，他通过透镜看到海星体内那些爬着的自由自在的细胞，趋向粉红色颗粒，并把它们吃掉了！这时他的脑子里忽然闪现出这样一个念头：海星幼体内的游走细胞既然能吞下粉红色颗粒，那么它们一定也能吃掉微生物！这种游走细胞就是保护海星免受微生物侵犯的东西。人体内的游走细胞，血液中的白细胞也一定会吃掉微生物，它们就是对疾病免疫的原因。随后，梅契尼科夫给他发现的游走细胞起了个希腊文名称——吞噬细胞。他为了充实吞噬细胞理论，又做了许多实验。他去巴黎拜访了巴斯德，把吞噬细胞与微生物之间的斗争讲得活灵活现。

知识小链接

吞噬细胞

　　人类的吞噬细胞有大、小两种。小吞噬细胞是外周血中的中性粒细胞。大吞噬细胞是血中的单核细胞和多种器官、组织中的巨噬细胞，两者构成单核吞噬细胞系统。

　　巴斯德高兴地说："梅契尼科夫教授，我与你所见略同，我曾观察到的种种微生物之间的斗争，使我深有所感，我相信你走的路是正确的。"梅契尼科夫很受巴斯德赏识，他进入了巴斯德研究所，历时 20 年。

1895 年，巴斯德去世之后，梅契尼科夫继任巴斯德研究所所长。梅契尼科夫继续从事大肠内寄生细菌的研究，他对寄生细菌与长寿之间是否有某种联系产生了浓厚的兴趣，他认为，人的自然寿命是 150 年，并相信饮用人工培制的乳汁可使人活到这一高龄。

在生活上他不让自己的免疫功能受到影响，不吸烟，不饮酒，常喝酸牛奶，并时常检查自己的大小便和各种体液，但他只活了 71 岁。梅契尼科夫是吞噬细胞和噬菌作用的发现者，免疫学的创始人之一，他对微生物学的发展做出了巨大的贡献。他关于白细胞的研究成果，使他与欧利希分享了 1908 年的诺贝尔医学和生理学奖。

拓展阅读

海　星

海生无脊椎动物的统称，非属鱼类。体扁，星形，具腕。现存 1800 种，见于各海洋，太平洋北部的种类最多。辐径 1～65 厘米，多数 20～30 厘米。腕中空，有短棘和叉棘覆盖；下面的沟内有成行的管足（有的末端有吸盘），使海星能向任何方向爬行，甚至爬上陡峭的面。低等海星取食沿腕沟进入口的食物粒。高等种类的胃能翻至食饵上进行体外消化，或整个吞入。内骨骼由石灰骨板组成。通过皮肤进行呼吸。腕端有感光点。多数雌雄异体，少数雌雄同体。有的行无性分裂生殖。

征服致病细菌的荆棘之路

　　细菌是在自然界分布最广、个体数量最多的有机体，是大自然物质循环的主要参与者。

　　自古以来，人类就一直在同疾病作斗争。但很久以前，人类还不知道许多疾病都是由肉眼看不见的细菌造成的。自发明了显微镜，人类从此认识了细菌，并且开始研究细菌。经过许多曲折的道路，人类才发明和创造了各种药物、抗生素，制服了许多可怕的疾病，如鼠疫、白喉、霍乱、伤寒、天花、梅毒、结核病等。

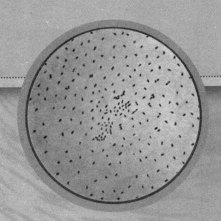

发现恐怖的炭疽杆菌

"9·11"事件之后接连不断与炭疽杆菌有关的恐怖事件，使人们陷入了一片恐慌之中。除了美国本土，英国、亚洲，甚至远在南半球的澳大利亚和南非都引起了不小的震动。

那么，炭疽杆菌究竟是什么？为什么能在世界上引起这么大的动静呢？

炭疽一词本意是煤炭，炭是黑色的，疽是坏死，即黑色坏死的意思。

炭疽是一种古老的人兽共患传染病。由于其危害严重，古人把炭疽看成是一种不可抗拒的"天灾"。炭疽杆菌为病原菌，属于需氧芽孢杆菌属，革兰染色阳性。

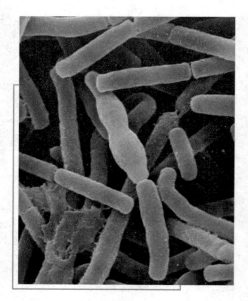

炭疽杆菌

炭疽杆菌菌体粗大，为（110～115）微米×（3～5）微米，两端平截或凹陷，排列像竹节的形状，没有鞭毛，所以没法自由移动。

知识小链接

炭疽杆菌

炭疽杆菌属于需氧芽孢杆菌属，能引起羊、牛、马等动物及人类的炭疽病。炭疽杆菌曾被帝国主义作为致死战剂之一。平时，牧民、农民、皮毛和屠宰工作者易受感染。皮肤炭疽在我国各地还有散在发生，不应放松警惕。

在氧气充足，温度25℃～30℃的条件下，炭疽杆菌容易形成芽孢。芽孢呈椭圆形，位于菌体中央，其宽度小于菌体的宽度。炭疽杆菌芽孢具有很强的生命力，在自然环境中可存活几十年。

但是，在活体或未经解剖的尸体内，炭疽杆菌则不能形成芽孢。芽孢进入生物体内迅速繁衍形成荚膜并释放生物毒素。形成荚膜是生成毒性的特征。炭疽毒素在生物体内通过附着在细胞之外的受体蛋白为"桥梁"攻击体细胞，导致细胞破裂，破坏体内的免疫系统，同时诱发肺水肿、肺积水等严重的并发症。

在大自然中，炭疽杆菌以芽孢的形态存在于土壤、动物粪便和空气中。特别是潮湿低洼地区、牧区，更是炭疽杆菌芽孢藏身和繁衍的最佳场所。引发的疾病主要发生在野生或家畜等动物身上。例如牛、骆驼、羊、羚羊、黄羊等食草动物。人类直接感染的概率极低，必须是直接接触这种病菌。

人类主要通过工农业生产而感染。炭疽杆菌从损伤的皮肤、胃肠黏膜及呼吸道进入人体后，首先在局部繁殖，产生毒素而致组织及脏器发生出血性浸润、坏死和高度水肿，形成原发性皮肤

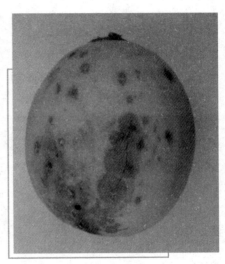

感染炭疽病的甜瓜

炭疽、肠炭疽、肺炭疽等。当机体抵抗力降低时，致病菌即迅速沿淋巴管及血管向全身扩散，继发形成炭疽性败血症和炭疽性脑膜炎。

皮肤炭疽因缺血及毒素的作用，真皮的神经纤维发生变化，所以病灶处常无明显的疼痛感。炭疽杆菌的毒素可直接损伤血管的内皮细胞，使血管壁的通透性增加，导致有效血容量减少，微循环灌注量下降，血液呈高凝状态，甚至会出现休克状态。

皮肤炭疽呈痈样病灶，皮肤上可见界限分明的红色浸润，中央隆起呈炭样黑色痂皮，四周为凝固性坏死区。镜检可见上皮组织呈急性浆液性出血性炎症，间质水肿显著，组织结构离解，坏死区及病灶深处均可找到炭疽杆菌。

拓展阅读

内皮细胞

内皮细胞是分布在脑、淋巴结、肺、肝脏、脾脏等器官组织中的一些有共同特点的吞噬细胞的总称，它们吞噬异物、细菌、坏死和衰老的组织，还参与集体免疫活动。内皮细胞或血管内皮是一薄层的专门上皮细胞，由一层扁平细胞所组成。它形成血管的内壁，是血管管腔内血液及其他血管壁（单层鳞状上皮）的接口。内皮细胞是沿着整个循环系统，由心脏直至最小的微血管。

皮肤炭疽病变多见于面、颈、肩、手、脚等裸露部位皮肤。最初为斑疹或丘疹，次日出现水疱，内含淡黄色液体，周围组织硬而肿胀。第 3～4 日，中心呈现出血性坏死稍下陷，四周有成群小水泡，水肿区继续扩大。第 5～7 日，坏死区溃破成浅溃疡，血样渗出物结成硬而黑似炭块状焦痂，痂下有肉芽组织生成（即炭疽痈）。焦痂坏死区直径大小不等，其周围皮肤浸润及水肿范围较大。由于局部末梢神经受压而疼痛不显著，稍有痒感，无脓肿形成，这是炭疽的特点。以后随水肿消退，黑痂在 1～2 周内脱落，逐渐愈合成疤。起病时出现发热（38℃～39℃）、头痛、关节痛、周身不适、局部淋巴结和脾肿大等。

少数病例局部无黑痂形成而呈大块状水肿（即恶性水肿），其扩展迅速，可致大片坏死，多见于眼睑、颈、大腿、手等组织疏松处。全身症状严重，若贻误治疗，后果严重。

肠炭疽病变主要在小肠。肠壁呈局限性痈样病灶及弥漫出血性浸润。病变周围肠壁有高度水肿及出血，肠系膜淋巴结肿大，

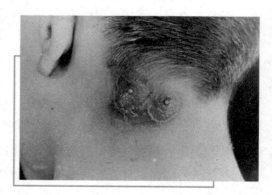

出现在颈部的炭疽病变

腹膜也有出血性渗出，腹腔内有浆液性含血的渗出液，内有大量致病菌。

肠炭疽可表现为急性肠炎型或急腹症型。急性肠炎型潜伏期 12～18 小时。同食者相继发病，似食物中毒。症状轻重不一，发病时突然恶心呕吐、

腹痛、腹泻。急腹症型患者全身中毒症状严重，持续性呕吐及腹泻，排血水样便，腹胀、腹痛，有压痛或呈腹膜炎征象，常并发败血症和感染性休克。如果不及时治疗常可导致死亡。

肺炭疽呈出血性气管炎、支气管炎、小叶性肺炎或梗死区。支气管及纵隔淋巴结肿大，均呈出血性浸润，胸膜与心包亦可受累。

肺炭疽多为原发性，也可继发于皮肤炭疽。可急性起病，轻者有胸闷、胸痛、全身不适、发热、咳嗽、咯黏液痰带血。重者以寒战、高热起病，由于纵隔淋巴结肿大、出血并压迫支气管，造成呼吸窘迫、气急喘鸣、咳嗽、紫绀、血样痰等。肺部仅可闻及散在的细小湿啰音或有胸膜炎体征。肺部体征与病情常不相符。X线见纵隔增宽、胸水及肺部炎症。

炭疽性脑膜炎的软脑膜及脑实质均极度充血、出血及坏死。大脑、脑桥和延髓等组织切面均见显著水肿及充血。蛛网膜下腔有炎性细胞浸润和大量菌体。

炭疽性脑膜炎多为继发性。起病急骤，有剧烈头痛、呕吐、昏迷、抽搐，明显脑膜刺激症状，脑脊液多呈血性，少数为黄色，压力增高，细胞数增多。病情发展迅猛，常因误诊得不到及时治疗而死亡。

炭疽杆菌败血症患者，全身各组织及脏器均为广泛性出血性浸润、水肿及坏死，并有肝、肾浊肿和脾肿大。

在 19 世纪以前，当成群的绵羊和奶牛因为染上炭疽病而纷纷死去的时候，人们并不知道这是一种细菌在作怪，而是将其归于"天灾"。这时候，一个人出现了，他把蒙在细菌上的神秘面纱揭开，使人们对炭疽病有了科学的认识。这个人就是德国微生物学家罗伯特·科赫。

罗伯特·科赫于 1843 年 12 月 11 日出生于德国境内的克劳斯特尔小城，父亲是一名矿工，他在年轻时曾在欧洲的许多国家游历过。在这段漫游欧洲的生涯里，他学到了不少知识，极大地开阔了自己的眼界。

小科赫从记事起，就和兄弟们一起，围坐在父亲身边，听父亲讲他年轻时那多姿多彩的游历生活。他立志要像自己的父亲一样，当个旅行家，用自己的双足踏遍整个世界。在父亲的影响下，科赫从小就热爱大自然中的一切事物。他经常缠着父亲问这问那，对什么事情都非要弄个水落石出不可。

作为一个热爱大自然的观察者，科赫在儿童时代就走遍了他出生地克劳

罗伯特·科赫

斯特尔城的哈尔茨山区所有的森林了。小科赫常常把毛毛虫、蝴蝶、苔藓和各种各样的矿石带回到自己的家里，用父亲送给他的一个小型放大镜进行观察研究，还不时画上几张放大的观察图。

1862 年，19 岁的科赫在克劳斯特学完大学预科以后，考入德国哥丁根大学医学院，接受当时德国病理学和解剖学权威亨尔的教导。亨尔提出的传染病理论引起了科赫的兴趣。科赫学习优良，但有时有些粗心，在笔记中常有一些笔误。

亨尔决定帮助他。有一天，亨尔让科赫誊清一大部医学论文的原稿。科赫见老师的原稿写得并不潦草，对于为什么让他做这件繁重、乏味的抄写工作疑惑不解。亨尔看透了他的心思，对他说："好些聪明的学生都不肯做这种繁重乏味的抄写工作，但是从事医药研究的人，一定要具有一丝不苟的精神。医理上错了一步，那可是人命关天的事啊！"

老师的话语重心长，对科赫的教育很大。科赫把老师的话铭记在心，从此他无论学习还是研究，都非常严谨。

1865 年，科赫参加解剖比赛考试，他在试卷页眉上写下一句话：永不虚度年华。这句话成了科赫一生的座右铭。

科赫 23 岁时获得医学博士学位，在汉堡总医院学习 3 年后，他开始在波森的拉开维茨行医。

普法战争中，科赫成为一名志愿军医。战争结束后，他通过地区医务官的考试。1872 年的 8 月，科赫在沃尔施太因当了个乡村医生。

在科赫 28 岁生日时，他的妻子给他买了一架显微镜供他消遣。

当时，炭疽病是一种使全欧洲的农民都心惊胆战的怪病。拥有上千只羊的富人会在几天中倾家荡产；白天还快活奔跑的肥羊到晚上就不吃食了，第二天早晨已冰冷僵硬，它们的血液黑得吓人；接着，农民、牧羊人、剪羊毛的人、羊皮商人也会染上这怪病，他们的身上长出了疮疡，或患上了急性肺炎，直到咽下最后一口气。

知识小链接

科 赫

科赫，德国医生和细菌学家，世界病原细菌学的奠基人和开拓者。对医学事业作出开拓性贡献，使科赫成为在世界医学领域中令德国人骄傲无比的泰斗巨匠。1905 年，伟大的德国医学家、大名鼎鼎的罗伯特·科赫以举世瞩目的开拓性成绩，问心无愧地拿走了诺贝尔生理学及医学奖。科赫的获奖，与另一位德国人伦琴获得首届诺贝尔物理学奖的时间仅相隔 4 年。罗伯特·科赫，1843 年 12 月 11 日出生于德国哈茨附近的克劳斯特尔城，是一名矿工的儿子，从小热爱生物学。在研究炭疽病的过程中，他第一次向世人证明了一种特定的微生物是特定疾病的病源。他从小就表现出开拓者的远大志向。有一天，科赫的父母在清点他们的 13 个子女时，发现不见了儿子科赫。后来，焦急万分的母亲终于在一个小池塘边找到了她的儿子。这时，小科赫正蹲在池塘边聚精会神地看着一只漂浮的小纸船。当母亲不解地问他在干什么时，小科赫回答道："妈妈，我要当一名水手，到大海去远航……"

科赫白天为乡村中的农民看病，晚上的时间则摆弄着这架新的显微镜。他学习着用反光镜使适量的光线射入透镜；他把薄薄的玻璃片洗得干净发亮；他把死于炭疽病的牛羊尸体的血液滴在这些玻璃片上。

他在显微镜中看到了一些形如小杆的怪物。有时候这些"杆子"是短短的，或许仅有几条，在血液中漂流着，微微颤动；有时候这些"杆子"又粘在一起，连成一条细细的长线。

这就是炭疽病的元凶吗？它们是活的吗？用什么方法能证实这些呢？科赫开始全神贯注起来了，他发疯般地关心起炭疽病牛、病羊和病人。

"我没有钱买牛羊供我做实验，但可选老鼠作为实验动物。"科赫想。

科赫找了一些细薄的木片，仔细洗干净，放到烘炉中加热，这样可杀死沾在上面的一些其他微生物。然后把这些木片浸到患炭疽病羊的血中，这些血中充满了一些神秘的不活动的线和杆。

下一步可是极为关键的，科赫用刀在老鼠尾巴上开了个小口，将浸过羊血的木片插进了伤口。

第二天，这只老鼠死了。肚皮朝天，身体僵硬地躺着，本来滑润的毛倒竖了。科赫把这只可怜的老鼠缚在木板上，切开了它的肝和眼，看遍了尸体内部每一个角落。让科赫惊奇的是，老鼠体内同样有着又黑又大的脾脏。从脾脏内取下一滴发黑的黏液放在显微镜下，科赫又一次看到了那些熟悉的线和杆。

科赫和他的夫人

科赫心花怒放。"这些线一定是活的。我插进老鼠尾巴里的木片上沾有一滴血，这滴血仅有几百只这种'杆子'，而老鼠患病到死亡24小时内，它们繁殖到了几亿只……"

"有什么办法能看到那些'杆子'长成了线?"科赫苦苦思索着，"我若能钻到一只活老鼠体内去看看那该多好!"钻到老鼠体内是不现实的想法，但创造一种环境使这些"杆子"在里面生长倒是可以尝试的事情。

科赫取出一点死老鼠的脾脏，放到一小滴牛眼睛的水样液里。科赫想：这些东西应该是杆菌的好食品。若能提供与老鼠体温相同的温度则更理想了。他做了一个简陋的培养箱，用油灯慢慢地加热。

为了不让其他微生物混进来，科赫不断改进着他的实验方法。他将悬滴液移到显微镜的透镜下面，静观其中的变化。从显微镜下的灰色视野圈中，他看到了一些老鼠脾脏的碎屑，其间有一些极细的杆子在漂浮着。等了好长时间，科赫终于看到了可怕的一幕。

漂浮着的小杆繁殖起来了。一只变成了两只，且在不断增多，杆成了线，无数根蜿蜒不尽的线，纠缠成了理不清的无色线团。这是有生命的线团，是暗暗杀死人和动物的线团。只要有少数杆菌进入人或动物的体内，就会繁殖成几百万个线团，挤满血管，挤满肺，挤满脑。

科赫的发现意义非常重大。他第一个真正确定了某一种微生物引起某一种疾病，确定了不起眼的小杆菌是可以暗杀动物的凶手。

在以后一系列的实验中，科赫发现这类杆菌可以形成小珠子样的芽孢，这些芽孢可生存几个月，但只要一放进新鲜的牛眼水样液中，或者抹在细木片上插入老鼠尾巴的根部，这些小珠子就很快变为致命的杆菌。

1876 年，34 岁的科赫穿上了最好的西装，戴着金丝边眼镜，小心地包装好他那宝贵的显微镜和几滴悬液，里面布满了致命的炭疽杆菌。此外，他没忘记带上一只铁笼子，里面有着几十只蹿蹿跳跳健康的白老鼠。他离开了僻居乡野，乘车去布雷斯劳。在那儿，他将展示他的炭疽微生物，他将向一些最著名的医学家们演示这些微生物是怎样杀害老鼠的。

科赫不善于辞令，他用三天三夜的时间将这几年的研究结果作了汇报。欧洲最高明的科学家瞠目结舌地看着他的芽孢、杆菌和显微镜。很快，全世界的科学家都为此而激动不已。

科赫向全世界宣告消灭此病的方法：所有死于炭疽病的动物，必须在死后立即烧掉，若不烧掉，就应该深埋到地下，那里土的温度低，杆菌不能变为顽强长寿的芽孢。科赫给了人们一把宝剑，教会人们怎样与致命微生物斗争，与潜伏的死亡作战。

◤ 巴斯德和炭疽疫苗

继科赫之后，法国微生物学家、化学家，近代微生物学的奠基人巴斯德在征服炭疽杆菌的路上走了更远的一步。

1822 年 12 月 27 日，路易·巴斯德诞生在法国东部多尔城一座临近山区的破旧楼房里。他的父亲是一位勤劳能干的硝皮匠，自己文化水平不高，却对知识看得很重，他拼命干活赚钱，渴望把儿子培养成为一名教师。

巴斯德 9 岁那年，父亲把他送到阿尔波瓦中学附属小学里去念书。刚上学时，由于他胆子小，个子也矮小，成绩又不突出，并没能引起学校老师的重视。但在以后的日子里，老师们发现，巴斯德具有其他孩子没有的品格。

路易·巴斯德

比如，在读书时，他具有一股坚持到底的恒心和耐心。尽管胆小，他却喜欢提出问题，书上的知识，老师的讲解，似乎永远满足不了他的好奇心。

那时候，小学校实行分组教学法，教师把学生分成若干小组，由组长领读课文，其余同学跟着朗读。巴斯德多么希望当一名领读的同学啊，可是他始终没得到过这份光荣。为此，他常常在家里伤心地流泪。

小学毕业后，巴斯德升入了阿尔波瓦中学。校长罗马勒很注意培养学生的意志，指导他们确定奋斗的目标。他认为巴斯德在学业上虽没有出众的地方，可是他学习起来是那样的专心，无论周围如何喧闹，他的注意力是那么集中。最难能可贵的是，他在回答任何一个问题之前，总是认认真真地想一想，直到确定之后才把答案说出口。校长认为，这样爱思索的孩子是值得深造的，他对巴斯德的父亲说："您的孩子一点不比别人差，您应该送他到巴黎上大学。"

知识小链接

巴斯德

路易·巴斯德（1822—1895），法国微生物学家、化学家。他研究了微生物的类型、习性、营养、繁殖、作用等，奠定了工业微生物学和医学微生物学的基础，并开创了微生物生理学。循此前进，在战胜狂犬病、鸡霍乱、炭疽病、蚕病等方面都取得了成果。英国医生李斯特并据此解决了创口感染问题。从此，整个医学迈进了细菌学时代，得到了空前的发展。美国学者麦克·哈特所著的《影响人类历史进程的100名人排行榜》中，巴斯德名列第11位，可见其在人类历史上巨大的影响力。其发明的巴氏消毒法直至现在仍被应用。

1839 年，年仅 16 岁的巴斯德只身来到巴黎，进入高等师范学校预备班听课。第二年，他按照自己的愿望，到贝藏松公学学习，预备投考高等师范学校的功课。他在贝藏松一边读书，一边当助理教员，用大量的时间孜孜不倦地读书。

在读书期间，巴斯德经常给家人写信。在信中，他多次对妹妹进行了鼓励。一次，他这样写给妹妹："意志、工作、成功，是人生的三大要素。意志是事业的大门；工作是登堂入室的旅程；这旅程的尽头就有个成功在等待着，来庆祝你努力的结果。"这也不乏是对自己的一种激励。

1842 年，19 岁的巴斯德又到巴黎去读书，力行着"意志—工作—成功"的道路，终于在第二年，依靠他的勤奋和努力，以第四名的优异成绩，考取了巴黎高等师范学校。

勤奋好学的巴斯德一踏进大学的校门，就像一只蜜蜂钻进了花丛，拼命地吮吸着每一滴知识的甘露。他一步一个脚印地进取着，终于以优异的成绩获得了硕士学位，接着又一鼓作气，完成了博士论文。

巴斯德的才华得到了当时著名化学家巴拉尔教授的赏识，把他安排在自己的实验室工作，研究酒石酸的旋光现象。巴斯德如鱼得水，整天在实验室里和化学试剂为伍，终于发现了酒石酸旋光现象的秘密。这位青年化学家的发现震动了巴黎，并得到老化学家毕奥的赞扬，认为他应到一所大学担任教授。然而，教育部却委任巴斯德为国立第戎中学物理教员，巴斯德毫无怨言尽心尽力地去做了。

正在做试验的巴斯德

1849 年，巴斯德调任斯特拉斯堡学院化学教授。校长劳伦特对巴斯德很器重，常邀他到家里做客。在那里，他结识了聪明、美丽、性格活泼的校长的女儿——玛丽小姐，巴斯德的才华和高尚的心灵打动了玛丽小姐，他们很快便举行了婚礼。可就在婚礼那天，新郎却突然失踪了。最后，人们在实验室里找到了巴斯德，只好拿下他手中的试管，把他带回举行仪式的教堂。

巴斯德对酒石酸的研究并没有结束，他还在不停地做着实验。有一次，他偶然发现酵母对酒石酸居然有选择作用。他十分惊讶于这个发现。他问自己，发酵究竟是怎么回事？当时连科学界的泰斗杜马教授都把发酵作用看得非常奇异而深奥，认为它的秘密很难揭破。巴斯德对发酵的原理产生了浓厚的兴趣，而兴趣往往是发明与创造的先导。

拓展阅读

酒石酸

酒石酸是一种羧酸，存在于多种植物中，如葡萄和罗望子，也是葡萄酒中主要的有机酸之一。作为食品中添加的抗氧化剂，可以使食物具有酸味。酒石酸最大的用途是饮料添加剂。也是药物工业原料。在制镜工业中，酒石酸是一个重要的助剂和还原剂，可以控制银镜的形成速度，获得非常均一的镀层。

正当巴斯德将注意力放在发酵上的时候，1854年9月，32岁的他被任命为里尔理工大学教授兼院长。机遇偏爱有准备的头脑。里尔是酒精工业发达的地方，制作酒精的一道重要工序便是发酵，这对于巴斯德的新研究太有帮助了。正是在这里，巴斯德第一次闯入了奥秘无穷的微生物世界。

里尔的一家酒精制造厂在生产中遇到了困难，向巴斯德请求研究发酵的过程。他每天都要花很长时间在工厂，把各种用于制造酒精的甜菜根汁和发酵中的液体带回实验室，放在显微镜下观察。经过反复实验，他发现，发酵时所产生的酒精和二氧化碳都是酵母使糖分解得来的，而且这个过程在没有氧的条件下也能发生。因此，他确定发酵就是酵母的无氧呼吸过程，是酵母生命活动的结果。因此，选择适当的酵母并控制它们的生活条件，便是酿酒的关键。自此，神秘的发酵原理被化学家巴斯德揭示了，也正是由此开始，巴斯德成了一名杰出的伟大的生物学家和微生物学的奠基人。

里尔以酿酒业闻名全国，但在1857年，有好几家酒厂发生了怪事——原本芬芳可口的啤酒都变得酸得不可下咽。酒厂老板望着一桶桶发酸的啤酒，焦急万分。当时人们都认为化学是神秘万能的，于是，六神无主的酒厂老板们便写信给大名鼎鼎的化学家巴斯德，请求他的帮助。

优秀的科学家都善于举一反三，触类旁通。通过对酒精问题的认识，巴斯德断定，啤酒里有微生物在作祟。他凭借着显微镜找到了它们——一种像小细棍似的乳酸杆菌。巴斯德把酒厂老板们都叫来，告诉他们，正是这些显微镜下的小小乳酸杆菌，在营

里尔是酒精工业发达的地方。正是在这里，巴斯德第一次闯入了奥秘无穷的微生物世界

养丰富的啤酒里繁殖，使酒变酸了。"这样微不足道的小东西能使啤酒变酸？"老板们将信将疑。"是的！"巴斯德肯定地说，"现在，我只要用眼睛就能断定你们的酒是不是发酸了。"老板们听后更觉惊奇，他们拿来了各种各样的酒，想试试巴斯德是不是说大话。

巴斯德将一瓶瓶酒打开，逐一滴在玻片上，一个个地放在显微镜下观察，根据乳酸菌的有无来判定酒味是香的还是酸的。每当巴斯德作出一个判断，立刻由一位品酒师来尝味，作出鉴定。结果，巴斯德的判断全部正确，酒厂老板们心服口服。

那么，怎样有效地防止啤酒变酸呢？巴斯德把封闭的酒瓶放进铁丝篮子里，浸在水中加热到不同的温度，力图杀死乳酸杆菌而不把啤酒煮坏。最后，他发明了一个简单有效的方法：只要把酒放在 $50℃ \sim 60℃$ 的环境中，保持半个小时，便能杀死里面的乳酸杆菌。这就是沿用至今的著名的"巴氏消毒法"。我们现在喝的

巴斯德发明了一个简单有效的消毒方法

消毒牛奶就是用这种方法消毒的。

正当巴斯德为能使全国都享受他的发明而欲进行更深入的研究时，忽然收到老教授杜马的恳求：希望他能研究正在法国南方蔓延的可怕的蚕瘟疫，以拯救濒于毁灭的法国蚕丝业！

当时巴斯德还没有很多的生物学知识，甚至不能十分准确地区分蚕和蚯蚓，要去研究治疗蚕病，自然困难重重。但对于前辈的敬重和对国家的责任感，使他毅然挑起了这副重担。

带着妻儿和三个精力充沛的助手，巴斯德来到法国南部的蚕业灾区阿莱。

巴斯德发现，得病的蚕身上都有棕黑色的斑点，像撒过一层胡椒，当地人称它为"胡椒病"。得了病的蚕，都难免一死，极少数结成了茧子，可用钻出的蚕蛾产的卵孵蚕，全都是患病的后代。当地人绞尽脑汁，用尽了各种方法来对付蚕病，可都失败了。巴斯德想，与其盲目地尝试各种无济于事的办法，不如找出病的根源，他决定用显微镜来探寻蚕的病因。他把病蚕用水磨成糊汁，吸一滴放在玻片上，放到显微镜下观察，经过多次仔细的检验，终于发现病蚕体内都有一种棕黑色的椭圆形微粒存在，而在健康的蚕身上是绝对找不到这种微粒的。他设想，这种微粒可能就是使蚕得病的真正原因。

工作进行到第二年，许多养蚕户开始怀疑了，他们抱怨说："政府应该派个动物学家或养蚕专家来，至少也派个兽医来，怎么选了个化学家！他整天用显微镜看，难道能把蚕病看好吗？"巴斯德默默忍受着冷嘲热讽，心里想着："让时间来证明吧。"

在阿莱的日子里，他失去了他尊敬和热爱的父亲，他赶回家乡时，只见到了父亲的棺材。在继长女和幼女不幸得伤寒去世之后，他年仅12岁的次女在此期间又得了伤寒症，没有见到父亲就死去了。巴斯德抑制住内心的悲痛，更加专心于研究，他觉得："只有工作可以使我的思想脱离深深的悲哀。"

巴斯德呕心沥血地进行实验，终于发现，细菌不仅存在于病蚕身上，同样存在于雌蚕蛾体内。根据这一发现，他发明了一种既简单又准确的检种方法：把交配过的雌蛾放在一小块麻布片上产卵，然后将产完卵的蛾缝在麻布的一角，等它干枯后，取一部分捣烂加水稀释，用显微镜检查。如果有微粒或微粒的痕迹存在，就连麻布一起烧掉；如果没有，则它的卵就是健康的，可留作明年的蚕种。

　　接着巴斯德便四处奔波为农民传播挑选好蚕的方法。由于过度疲劳，46岁的他终于病倒了。他得了中风，开始半身不遂。在人们送他到海湾去疗养的途中，他还念念不忘给蚕治病。巴斯德同蚕病奋斗了6年，终于使法国的养蚕业从困境中解脱了出来。

　　通过对蚕病的研究，巴斯德认识到，微生物是可以控制的。

　　在那个时候，狂犬病是一种非常可怕的传染病，它是由于被疯狗咬伤或抓伤而引起的。这种病在当时几乎是无药可救的，病人出现烦躁、恐怖、口渴异常而又恐水等症状，最终难免一死。

　　为了征服狂犬病，巴斯德和助手们进行的第一步工作就是要弄清楚究竟是什么样的微生物在起作用。他们提取疯狗的唾液稀释后给兔子注射，兔子很快死去而并非死于狂犬病，那是怎么回事呢？祸根会不会在血液里呢？巴斯德将疯狗身上抽出的血注入健康的狗体内，并未使之得病。众所周知，狂犬病从被咬伤到发病需要经过一段潜伏期。经过细心观察和研究狂犬病的发病症状，巴斯德终于发现，引起狂犬病的微生物（病毒）是经过神经系统发生作用的，它从伤口到达中枢神经系统的过程就是狂犬病的潜伏期。

　　巴斯德从一只疯狗的脑颅里取出一点脑髓，再将一只健康的狗麻醉后锯开脑盖，把疯狗的脑髓注射进去，再缝起来。狗醒来后行动如常。但过了14天，它发病了。实验证实疯狗脑髓里也存在狂犬病病毒，从而论证了他的推断。

巴斯德正从一只疯狗的脑颅里取出脑髓

　　经过一段时间的研究，巴斯德发现，狂犬病病毒可以通过连续的猴体培养而减弱毒性，如果制成疫苗，便可用于预防狂犬病的发作。同时他还发现，在被疯狗咬后的短期内，以减弱毒性的狂犬毒液作为疫苗进行接种，仍然具有预防效果。

　　接着，他又找到了一种配制疫苗的最佳方法。他把疯狗的延髓用线吊起来，放入清洁的放有干燥剂的玻璃瓶中，它的毒性便一天天减弱，到第十四天，完全失去了毒性。然后把干缩了的延髓研碎加水稀释，便可以用来注射。

巴斯德在动物体内注射了这种疫苗，实验结果表明，注射过疫苗的动物获得了对狂犬病的抵抗能力。

1885年，正当巴斯德准备开始拿自己做试验品来进行人体的预防试验时，一个9岁的小男孩墨斯特被带到了巴斯德面前。可怜的男孩手脚被疯狗咬得鲜血淋淋，他的母亲乞求巴斯德给予治疗。巴斯德开始感到有些为难，因为疫苗治疗狂犬病在人类还没有先例。他检查了墨斯特，发现伤口有14处之多，他注定要得狂犬病了。假如对他进行注射疫苗的治疗，或许有可能死里逃生。

知识小链接

狂犬病

狂犬病又名恐水症，是由狂犬病毒所致的自然疫源性人畜共患急性传染病。流行性广，病死率极高，几乎为100%，对人民生命健康造成严重威胁。人狂犬病通常由病兽以咬伤的方式传给人，临床表现为特有的恐水、恐声、怕风、恐惧不安、咽肌痉挛、进行性瘫痪等。

科学家的职责使巴斯德不再犹豫，当晚他就给墨斯特注射了用干燥了14天的延髓液制作的疫苗，次日注射13天的，然后是12天的，11天的……孩子天天在实验室里同小动物玩得兴高采烈，而巴斯德却度过了忐忑不安的2个星期，以至每晚都要失眠和发烧。治疗终于获得了成功，墨斯特挣脱了狂犬病的魔爪，回到了他的小学校。

消息很快传了出去，不仅是法国全国，世界各地的病人蜂拥而至，要求巴斯德为他们治疗。不到10个月，巴斯德的实验室就接受了1726名被疯狗或疯狼咬伤的病人，除了10人以外，其余1716人都战胜了死神，获得新生。这种治疗方法也很快在全世界得到普及。

巴斯德一生进行了多项探索性的研究，取得了重大成果，是19世纪最有成就的科学家之一。他用一生的精力证明了3个科学问题：

（1）每一种发酵作用都是由于一种微菌的发展。这位法国化学家发现用加热的方法可以杀灭那些让啤酒变苦的恼人的微生物，很快，"巴氏杀菌法"便应用在各种食物和饮料上。

（2）每一种传染病都是一种微菌在生物体内的发展。由于发现并根除了一种侵害蚕卵的细菌，巴斯德拯救了法国的丝绸工业。

（3）传染病的微菌，在特殊的培养之下可以减轻毒力，使它们从病菌变成防病的疫苗。他意识到许多疾病均由微生物引起，于是建立起了细菌理论。

拓展阅读

发酵作用

生理学上（狭义）：指微生物厌氧或兼性厌氧微生物在厌氧的条件下以某些有机化合物作为末端氢（电子）受体，氧化降解有机物获得能量的过程。工业上（广义）：泛指利用微生物生产各种产物的过程，即在人工控制的条件下，微生物通过本身新陈代谢活动，将不同的物质进行分解、转化或合成，生成人们所需要的酶、菌体或各种代谢产物的生产工艺过程。

巴斯德努力研制炭疽疫苗

路易·巴斯德被世人称颂为"进入科学王国的最完美无缺的人"，他不仅是个理论上的天才，还是个善于解决实际问题的人。他于1843年发表的两篇论文——《双晶现象研究》和《结晶形态》，开创了对物质光学性质的研究。1856～1860年，他提出了以微生物代谢活动为基础的发酵本质新理论，1857年发表的《关于乳酸发酵的记录》是微生物学界公认的经典论文。1880年后又成功地研制出鸡霍乱疫苗等多种疫苗，其理论和免疫法引起了医学实践的重大变革。

巴斯德被认为是医学史上最重要

的杰出人物。巴斯德的贡献涉及几个学科，但他的声誉则集中在保卫、支持病菌论及发展疫苗接种预防疾病方面。

巴斯德并不是病菌的最早发现者，在他之前已有基鲁拉、包亨利等人提出过类似的假想。但是，巴斯德不仅热情勇敢地提出关于病菌的理论，而且通过大量实验，证明了他的理论的正确性，令科学界信服，这是他的主要贡献。

另外，在征服炭疽病的道路上，巴斯德也做出了突出的贡献。

当时在法国的许多牧场，绵羊得了一种病，死亡率几近一半，损失惨重。人们把一些草地称为"瘟场""瘟山"，因为羊群经过那里，仅仅几小时后，就一批批四肢颤抖着倒下去，连牧羊人都没看清它们是怎么死的。死尸立刻膨胀起来，稍微撕开一点皮，就有发黑的黏血流出来，所以人们称之为炭疽病。

拓展阅读

炭疽病

炭疽是炭疽杆菌引起的人畜共患急性传染病。主要因食草动物接触土生芽孢而感染所致的疾病。人类因接触病畜及其产品或食用病畜的肉类发生感染。炭疽杆菌从皮肤侵入，引起皮肤炭疽，使皮肤坏死形成焦痂溃疡与周围肿胀和毒血症，也可以引起肺炭疽或肠炭疽，均可并发败血症。炭疽呈全球分布，以温带、卫生条件差的地区多发。目前人类炭疽的发病率明显下降，但炭疽芽孢的毒力强、易获得、易保存、高潜能、可视性低、容易发送，曾被一些国家用于生物武器和恐怖行动。

1878年，巴斯德受法国农业部的委托，正式开始了防治炭疽病的研究。经过实验他发现，炭疽病的病原体是一种杆状细菌——炭疽杆菌。他和助手到农场仔细观察绵羊染病死亡的过程。他们在草地上洒下大量的杆菌培养液，奇怪的是，这里的羊并不得病死亡。而那些在"瘟场""瘟山"吃过草的羊，却死得特别多。巴斯德非常精明，他在洒下含杆菌培养液的同时，让羊吃些带芒刺的植物，使羊的口舌受微伤，杆菌从伤口进入血液，羊就染病死亡。那些"瘟场""瘟山"正是长着带芒刺的植物，才使绵羊吃草后染病死亡的。于是巴斯德告诫人们：

把病羊尸体埋在干燥的砂石质的深土中，那里是不长草的，同时要注意不使羊吃到带芒刺的草，这样，羊就可以幸免于难。

巴斯德在发明了给鸡注射疫苗的方法来防止鸡得霍乱病后，他又想，是不是也可以采用同样的方法来预防牲畜的炭疽病呢？巴斯德认为，问题的关键在于必须制造出毒性减弱的炭疽病疫苗。

用延长存放时间的方法是不行的，因为炭疽杆菌不怕氧气，否则便不会有什么"瘟场""瘟山"了。巴斯德想起，他曾经将炭疽杆菌的培养液注入母鸡的体内，而母鸡却出乎意料地没得炭疽病。经过再三思索，他认为，可能是因为母鸡的体温要比绵羊等畜类高好几摄氏度，所以它能抑制炭疽杆菌。果然，将注射过菌液的母鸡浸在冷水里，它就抵抗不住，也得炭疽病了。

巴斯德就用适当温度培养菌液的方法，成功地制得了炭疽病的疫苗。再依次把毒性由弱到强的疫苗给绵羊注射，绵羊就再也不会得炭疽病了。经过试验，这种方法也同样可以用于牛。

实验的成功使人们非常钦佩巴斯德，人们把做实验的农场改名为"巴斯德农场"，以表达对这位科学家的敬意和感激。法兰西第三共和国政府要授予巴斯德勋章，他提出希望将勋章一同授予不辞辛苦帮助他实验的青年助手。当他们同时得到政府的授勋时，激动得相互拥抱起来。

巴斯德研究所

1882 年，法国有 60 多万只羊和 8 万多头牛注射了他发明的疫苗。法国在农牧业连同养蚕业、制酒业中得到了很大利益，正如英国著名博物学家赫胥黎所说的："1870 年普法战争使法国赔偿了 50 亿法郎的巨款，但是巴斯德一个人的发明就足够抵偿这个损失了。"

巴斯德的巨大成功使法国人民欣喜若狂，人们筹集资金建立了巴斯德研究所。直到今天，研究所还以其雄厚的科研力量和卓越的科研成果，在世界微生物学领域占据着领先地位。每天，这里都要接待数以百计的各国访问者，这也是对巴斯德这位为人类征服微生物而奋斗了一生的伟大科学家的最好纪念。

征服炭疽杆菌的脚步

炭疽杆菌是人类历史上第一个被发现的病原菌，在继巴斯德之后，人类在征服这种细菌的道路上又不断前进着。

1955年，史密斯和他的同事通过过滤炭疽杆菌感染的豚鼠的血清，首次证明了炭疽毒素的存在。

1993年，法迪恩首次描述了炭疽杆菌的荚膜。

2003年，炭疽杆菌的全基因组序列向全世界发布，意味着炭疽杆菌的研究进入了一个新的发展阶段。

而在防治炭疽病上，人类也取得了巨大的成就。

人们认识到，预防人类炭疽首先应防止家畜炭疽的发生。家畜炭疽感染消灭后，人类的传染源也随之消灭。对炭疽疫区的常发地人群、密切接触牲畜人员及可能受到炭疽生物武器攻击的军事和有关人员实施疫苗接种。疫苗主要有下面几种：

◎ 兽用菌苗

（1）高温减毒株。由于其残余毒力较强，而效力也有限，且有荚膜，菌苗接种反应不易与自然感染区别，所以现在已经基本停用。

（2）无荚膜减毒株。其免疫原性较好，接种后2周可完全中止畜间炭疽的暴发流行。至今世界上几乎都采用在20世纪30年代研制的这种兽用菌苗，每年接种1次，可控制畜间炭疽传播。

◎ 人用菌苗

1943年，前苏联首先研制出人用炭疽菌苗。1954年生产出CTN－1株，这种活疫苗与无荚膜减毒株很相近，每年接种1次，对可能接触炭疽杆菌的有关职业人员可降低感染率。

目前我国使用的炭疽活疫菌，作皮上划痕接种，免疫力可维持半年至1年。青霉素是治疗炭疽的首选药物，对肠道及吸入性炭疽治疗困难，有条件的可用抗血清。

另外，人类在积极防治炭疽病的时候，也逐步开始利用炭疽杆菌来为人类服务。

比如，在治疗威胁人类生命的疾病之一——癌症上，科学家和医学家们总是不断探索，希望能找到一种有效的方法能彻底根治它。美国马里兰州全国卫生机构里的研究人员正在实验着将炭疽杆菌毒素通过基因工程技术进行重新组合，从而改变炭疽杆菌毒素的成分使之对人体健康无害，并在对付某些癌细胞上显示出潜在的价值。

这个机构的研究人员使用的实验工具是模拟肿瘤生长状态的老鼠，通过在老鼠身上注射这种经过改良的炭疽杆菌毒素后发现，它能够在一定程度上限制老鼠肿瘤所获得的血流量，抑制肿瘤的生长。此外在研究中，他们还发现经过改良的炭疽杆菌毒素，能够直接摧毁某些肿瘤细胞的瘤体本身，其中最容易受到炭疽杆菌毒素影响的是黑色毒瘤，比如结肠肿瘤、乳腺肿瘤等。

知识小链接

癌细胞

癌细胞是一种变异的细胞，是产生癌症的病源。癌细胞与正常细胞不同，有无限生长、转化和转移三大特点，也因此难以消灭。癌细胞由"叛变"的正常细胞衍生而来的，经过很多年才长成肿瘤。在细胞分化过程中"叛变"细胞脱离正轨，自行设定增殖速度，累积到10亿个以上时我们才会察觉。癌细胞的增殖速度用倍增时间计算，1个变2个，2个变4个，以此类推。比如，胃癌、肠癌、肝癌、胰腺癌、食管癌的倍增时间平均是31天，乳腺癌倍增时间是40多天。由于癌细胞不断倍增，癌症越往晚期发展得越快。

但是由于炭疽杆菌具有相当大的危险性，稍有不慎将有可能导致一些难以想象的后果。因此科学家也同时指出，使用炭疽杆菌治疗癌症的实验必须在动物身上经过几年严格实验之后才能用在人体的临床实验中。

不过，我们可以肯定，人类彻底征服炭疽杆菌并利用其为人类造福的时刻早晚会到来。

屡屡发生的鼠疫大流行

1349～1351 年，意大利文学家薄伽丘写下了经典巨著——《十日谈》。该书的写作时间背景是欧洲鼠疫大流行时期。当时佛罗伦萨十室九空，一派恐怖景象。7 位男青年和 3 位姑娘为避难躲到郊外的一座风景宜人的别墅中。为了消耗时光，10 位贵族青年便约定以讲故事的方式来度过这段时光，用笑声将死神的阴影远远抛诸脑后。他们每人每天讲一个故事，一共讲了 10 天，恰好有了 100 个故事，这是《十日谈》书名的由来。故事中的人物几乎包括了当时各行各业人士。这些人物都是以那场鼠疫作为舞台的。在读《十日谈》的时候，你始终能够看到鼠疫的影子。

与薄伽丘同时期的意大利著名诗人、学者彼特拉克对这场夺去了无数人生命的鼠疫，则采用了更为直接的手法来描写。彼特拉克给他居住在意大利蒙纽斯修道院的弟弟——那所修道院 35 个修士中唯一一个鼠疫的幸存者写信说：

我的弟弟！我亲爱的弟弟！我的弟弟！

尽管西塞罗在四百年前就用过这样的开头写信，但是啊，我亲爱的弟弟，我还能说什么呢？我怎样开头？我又该在何处转折？所有的一切都是如此悲伤，到处都是恐惧。我亲爱的兄弟，我宁愿自己从来没有来到这个世界，或至少让我在这一可怕的瘟疫来临之前死去。我们的后世子孙会相信我们曾经经历过的这一切吗？没有天庭的闪电，或是地狱的烈火，没有战争或者任何可见的杀戮，但人们在迅速地死亡。有谁曾经见过或听过这么可怕的事情吗？在任何一部史书中，你曾经读到过这样的记载吗？人们四散逃窜，抛下自己的家园，到处是被遗弃的城市，已经没有国家的概念，而到处都蔓延着一种恐惧、孤独和绝望。哦，是啊，人们还可以高唱祝你幸福。但是我想，只有那些没有经历过我们如今所见的这种凄惨状况的人才会说出这种祝福。而我们后世的子孙们才可能以童话般的语言来叙述我们曾经历过的一切。

　　啊，是的，我们也许确实应该受这样的惩罚，也许这种惩罚还应该更为可怕，但是难道我们的祖先就不应该受到这样的惩罚吗？但愿我们的后代不会被赠予同样的命运……

　　在几百年后，我们重读这封家书，仍然能够感受到诗人心中的恐惧。那么，是什么原因导致鼠疫发生的呢？现代医学认为，鼠疫的病原是鼠疫杆菌，一种通过跳蚤在鼠与人之间传播的细菌。它一旦进入人体就可以大量繁殖，产生剧毒素，很快将人置于死地。

　　鼠疫杆菌属于叶尔辛菌属，是引起烈性传染病鼠疫的病原菌。鼠疫杆菌为短小的革兰阳性球杆菌，新分离株以美兰或姬姆萨染色，显示两端浓染，有荚膜。在病灶标本中及初代培养时，呈卵圆形。在液体培养基中生长呈短链排列。

　　鼠疫杆菌为需氧及兼性厌氧菌，最适温度为 27℃ ～ 28℃，初次分离需在培

彼得拉克

养基中加入动物血液、亚硫酸钠等以促进生长，在血平板上，28℃ 培养 48 小时后，长成不透明、中央隆起、不溶血、边缘呈花边样的菌落，这种菌落形态为本菌的特征。在液体培养基中 24 小时孵育逐渐形成絮状沉淀，48 小时在液表面形成薄菌膜，从菌膜向管底生长出垂状菌丝，呈钟乳石状。

　　鼠疫杆菌对外界有很强的抵抗力，在寒冷、潮湿的条件下，不容易死亡，在 −30℃ 仍旧可以存活。可耐直射日光 1～4 小时，在干燥咯痰和蚤粪中存活数周，在冻尸中能存活 4～5 个月。

　　鼠疫杆菌侵入皮肤后，先在局部繁殖，随后迅速经淋巴管至局部淋巴结繁殖，引起原发性淋巴结炎（腺鼠疫）。淋巴结里大量繁殖的病菌及毒素入血，引起全身感染、败血症和严重中毒症状。脾、肝、肺、中枢神经系统等均可受累。病菌波及肺部，发生继发性肺鼠疫。病菌如直接经呼吸道吸入，则病菌先在局部淋巴组织繁殖。继而波及肺部，引起原发性肺鼠疫。

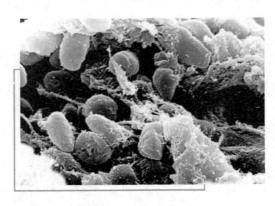

鼠疫杆菌

在原发性肺鼠疫基础上，病菌侵入血流，又形成败血症，称继发性败血型鼠疫。少数感染极严重者，病菌迅速直接入血，并在其中繁殖，称原发性败血型鼠疫，病死率极高。

鼠疫基本病变是血管和淋巴管内皮细胞损害及急性出血性、坏死性病变。淋巴结肿常与周围组织融合，形成大小肿块，呈暗红或灰黄色；脾、骨髓有广泛出血；皮肤黏膜有出血点，浆膜腔发生血性积液；心、肝、肾可见出血性炎症。肺鼠疫呈支气管或大叶性肺炎，支气管及肺泡有出血性浆液性渗出，以及散在细菌栓塞引起的坏死性结节。

鼠疫的潜伏期一般为 2～5 天。腺鼠疫或败血型鼠疫 2～7 天；原发性肺鼠疫 1～3 天，甚至短仅数小时；曾预防接种者，可长至 12 天。

鼠疫临床上有腺型、肺型、败血型、轻型等 4 型。除轻型外，各型初期的全身中毒症状大致相同。

腺鼠疫占 85%～90%。感染腺鼠疫后，除出现全身中毒症状外，最显著的特征是出现急性淋巴结炎症状。因下肢被蚤咬机会较多，所以腹股沟淋巴结炎最多见，约占 70%，其次为腋下、颈及颌下。也可几个部位淋巴结同时感染炎症。局部淋巴结起病就是肿痛，病后第 2～3 天症状迅速加剧，红、肿、热、痛并与周围组织粘连成块，剧烈触痛，病

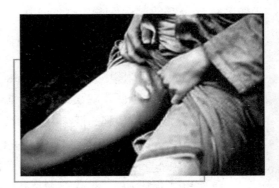

**鼠疫症状：淋巴结肿与周围
组织融合，形成大小肿块**

人处于强迫体位。4～5 日后淋巴结化脓溃破，病情随之缓解。部分可发展成败血症、严重毒血症及心力衰竭或肺鼠疫而死。

肺鼠疫是最严重的一型，病死率非常高。肺鼠疫的起病非常急，发展迅速，除严重中毒症状外，在起病 24～36 小时内出现剧烈胸痛、咳嗽、咯大量泡沫血痰或鲜红色痰；呼吸急促，并迅速呈现呼吸困难；肺部可出现胸膜摩擦音；胸部 X 线呈支气管炎表现，与病情严重程度极不一致。如抢救不及时，多于 2～3 天内，因心力衰竭、出血而死亡。

败血型鼠疫又称暴发型鼠疫。这种鼠疫可原发也可继发。原发型鼠疫因免疫功能差，菌量多，毒力强，所以发展极速。常常会突然高热或体温不升，神志不清，说胡话甚至昏迷不醒。淋巴结并不肿大。皮肤黏膜出血、呕吐、便血和心力衰竭，多在发病后 24 小时内死亡，很少能够超过 3 天。病死率高达 100%。因皮肤广泛出血、瘀斑、紫绀、坏死，故死后尸体呈紫黑色，俗称"黑死病"。

拓展阅读

肺鼠疫

肺鼠疫为鼠疫的一种，是《中华人民共和国传染病防治法》明文规定的甲类传染病，分为原发性和继发性两种，主要依靠飞沫传播，潜伏期短，感染者有危重的全身中毒症状及呼吸道感染特有症状。感染后若不及时有效治疗，病人多在 2～3 天死亡。预防时要注意灭鼠灭蚤，预防动物间鼠疫，隔离鼠疫病例，预防传播。

继发性败血型鼠疫，可由肺鼠疫、腺鼠疫发展而来，症状轻重不一。

轻型鼠疫又称小鼠疫，发热轻，患者可照常工作，局部淋巴结肿大，轻度压痛，偶尔出现化脓的现象。血培养阳性。多见于流行初、末期或预防接种者。

除这些外，鼠疫还有其他一些类型，但都比较少见。比如有的出现全身性脓疱，类似天花，因此有天花样鼠疫之称；有的病菌侵入眼结膜，导致化脓性结膜炎等。

广角镜

腺鼠疫

腺鼠疫是在脓肿破溃后或被蚤吸血时才起传染源作用，在被感染的鼠类或跳蚤叮咬后，在伤口附近的淋巴腺会有发炎的现象，后来可能扩散到全身的淋巴腺。如不治疗，约一周可能会死亡。

鼠疫具有很强的传染性和流行性。从有记载的史料来看，鼠疫在地球上较大的流行有 3 次。

首次鼠疫大流行时的恐怖情景

历史上首次鼠疫大流行是查士丁尼鼠疫。该鼠疫发生于公元 6 世纪，起源于中东，流行中心在近东地中海沿岸。

公元 541 年，鼠疫沿着埃及的培鲁沁侵袭罗马帝国。鼠疫荼毒培鲁沁后，迅速蔓延至亚力山大，再继续延水陆贸易网扩散到首都君士坦丁堡与整个拜占庭帝国。并未有明确的数字统计多少人因此死亡，然而此次流行导致帝国至少 1/3 人口死亡，严重影响了该帝国经济税基与军制兵源，削弱了拜占庭帝国实力。

公元 542 年，鼠疫经埃及南部塞得港沿陆海商路继续蔓延。首先是法国，543 年法国西南部亚耳爆发鼠疫病情，接着 547 年鼠疫传染至爱尔兰与不列颠西部，588～590 年的一次鼠疫横扫马赛、亚威农，以及法国北部里昂地区的隆河流域。鼠疫不止波及英、法等国，还传至北非、欧洲，几乎殃及当时所有著名国家。

这次鼠疫流行持续了五六十年，极流行期每天死亡万人，死亡总数近 1 亿人。这次鼠疫大流行使当时整个地中海贸易衰退，导致了东罗马帝国的衰落，造成许多昔日王国的势力因此消失，并改写了整个欧洲的历史。

第二次大流行发生于公元 14 世纪。

此次流行此起彼伏持续近 300 年，遍及欧亚大陆和非洲北海岸，尤以欧洲为甚。欧洲死亡 2500 万人，占当时欧洲人口的 1/4，其中意大利和英国死者达其人口的半数。

据记载，当时伦敦的人行道上到处是腐烂发臭的死猫死狗。人们把它们当成传播瘟疫的祸首打死了。然而，没有了猫，鼠疫的真正传染源——老鼠，就越发横行无忌了。到 1665 年 8 月，每周死亡达 2000 人，1 个月后每周死亡竟达 8000 人。

直到几个月后一场大火（史称"伦敦大火灾"）烧毁了伦敦的大部分建筑，老鼠也销声匿迹，鼠疫流行随之平息。这次鼠疫大流行就是历史上称为"黑死病"的那一次。

有人认为，这场黑死病严重打击了欧洲传统的社会结构，削弱了封建与教会势力，间接促成了后来的文艺复兴与宗教改革。

备受折磨的鼠疫患者

在我国，明代万历和崇祯年间的 2 次大疫也是这次全球鼠疫大流行的一部分。据估计，华北三省人口死亡总数至少达到了 1000 万人以上。

当时载满尸体的运尸车

第三次鼠疫大流行是指 1855 年始于中国云南省的一场重大鼠疫。这次世界性大流行以传播速度快、传播范围广超过了前 2 次而出名。这场鼠疫蔓延到所有有人居住的大陆，先从云南传入贵州、广州、香港、福州、厦门等地后，这些地方死亡人数就达 10 万多人。中国南方的鼠疫还迅速蔓延到印度，1900 年传到美国旧金山，也波及欧洲和非洲，在 10 年期间就传到 77 个港口的 60 多个国家。单在印度和中国，就有超过 1200 万人死于这场鼠疫。据世界卫生组织透露，这次大流行一直延续到 1959 年，这时全世界因鼠疫死亡的地区增加到 200 个左右。这次流行的特点是疫区多分布在沿海城市及其附近人口稠密的居民区，家养动物中也有流行。

亚历山大·叶尔辛的功绩

在第三次鼠疫大流行中，出现了一位杰出的抗鼠疫英雄——亚历山大·叶尔辛，他不仅发现了鼠疫杆菌，还发明了鼠疫疫苗，为人类做出了杰出的贡献。

1863 年 9 月 23 日，亚历山大·叶尔辛出生在瑞士洛桑附近的一个名叫拉瓦克的村庄中。父亲是军火工厂的负责人，也是一位业余的昆虫学家，他的家庭就住在这间军火工厂内。不幸的是，在他出生前的 3 个星期父亲便过世了，因此母亲独力将他抚养成人，并供他接受良好的教育。

幼年的叶尔辛对科学与大自然的兴趣非常浓厚。他收集了许多昆虫的标本。一天，叶尔辛在家中的阁楼上发现了父亲遗留下来的显微镜及一些解剖用具，这更激发了他对生物学的兴趣，并立下习医的志愿。

亚历山大·叶尔辛出生地——瑞士

在洛桑完成中学教育后，叶尔辛进入了当地的一所大学就读。不久之后，在一位公共卫生医师，也是他家庭的长期朋友的鼓励之下，20 岁的叶尔辛于 1883 年申请进入德国的马堡大学习医。之后又转到巴黎医科学院，并在此获得医学学位。

叶尔辛在巴黎求学的时候，一天，他在解剖一具狂犬病人的尸体时，不小心割伤了手指，他立刻赶赴巴斯德研究所向依密·鲁克斯（著名微生物学家，曾担任巴斯德研究所所长）求助。鲁克斯替他注射了刚开发出来的治疗用狂犬病血清，从而保住了性命。

通过这个事件，叶尔辛与鲁克斯相识了，并因此展开了他们一生密切合作的关系。鲁克斯非常欣赏叶尔辛的才华，同时也想借助他在临床医学上的经验，因此在 1888 年雇用叶尔辛为实验室助手，协助他研究狂犬病。

为了学习更多的微生物学实验技术，叶尔辛还特地到德国柏林，跟随德国微生物学大师科赫学习并研究结核病的病原细菌。

1889 年，叶尔辛回到巴黎，与鲁克斯共同准备一门微生物学课程，作为在巴斯德研究所开课之用。

叶尔辛也有了自己的实验室，他首先与鲁克斯合作研究白喉菌的毒素，他的研究精神与成果也受到大家的赞许。

就在他的研究进入状态之际，突然对研究工作失去了兴趣。他心中极想有所改变，却又不知何去何从，而他也不愿意开业行医，因为他认为医生向病人收取报酬是不对的。

知识小链接

亚历山大大帝

亚历山大大帝（公元前 356—前 323），古代马其顿国王，亚历山大帝国皇帝。世界古代史上著名的军事家和政治家。他足智多谋，在担任马其顿国王的短短 13 年中，以其雄才大略，东征西讨，先是确立了在全希腊的统治地位，后又灭亡了波斯帝国。在横跨欧、亚的辽阔土地上，建立起了一个西起希腊、马其顿，东到印度河流域，南临尼罗河第一瀑布，北至药杀水的以巴比伦为首都的庞大帝国，创下了前无古人的辉煌业绩，促进了东西方文化的交流和经济的发展，对人类社会的进展产生了重大的影响。

1889 年，叶尔辛突然辞去了巴斯德研究所的工作，并受雇成为一名往返法国马赛及越南西贡（即当今的胡志明市）与马尼拉间的商船船医。当时大半的中南半岛仍是法国的殖民地，许多地区仍处于未开发状态。叶尔辛立刻爱上了越南与当地的人民。当商船回到法国之后，他又随即重返西贡。

在初到越南的 4 年期间，叶尔辛率领了一队人马深入越南内陆勘查，并因而发现了同奈河的起源地。他还深入兰宾高原探险，并在那儿设立了一个名叫大勒的殖民村落。此外，他还进行了另外 2 次的探险行动，经常乘坐独木舟深入鳄鱼肆虐的河流，或是骑乘大象进入老虎出没的丛林。他是如此深深地为越南着迷，并视越南为他的第二故乡。

叶尔辛和他在越南的小屋

叶尔辛终究无法忘情研究工作，由于他非常关心越南人民的健康与公共卫生，因此重新开始专注于研究当地的流行病。

1894 年，叶尔辛加入殖民地健康事务团，成为一位医务官员，研究当时从中国逐渐向外扩散的鼠疫。当时，中国香港暴发了一场鼠疫，叶尔辛于是动身前往香港，以便能直接研究鼠疫的病原细菌，以及如何来预防这个疫病。

然而，在 6 月 15 日到达香港之后，事情进行得并不顺利。原来在他到达香港的前 3 天，日本鼎鼎大名的微生物学家北里柴三郎已率领了一大队的研究人员来到香港。北里柴三郎是日本著名的微生物学家，曾留学德国，在微生物学大师科赫的实验室工作过，是一位极有经验且负盛名的微生物学者，曾获颁"柏林荣誉教授"的荣衔。北里得到当时香港殖民政府公立医院总监劳森的全力支持，将一切资源（包括实验室设备）与病人都交给了北里的团队。

叶尔辛不但势单力薄，而且他也不擅英语，因此与英方的交涉非常不顺利。更甚者，虽然他与北里都能说德语，且都曾在德国的科赫实验室待过，但是北里却对他非常冷淡。这或许是由于叶尔辛是代表法国的巴斯德研究所之故，因为当时的德国微生物学界（由科赫领导）与法国的微生物学界（由巴斯德领导）正处于相互竞争、关系紧张的局面。

叶尔辛迫不得已，只好在一间简陋的竹屋内设立他的实验室。他贿赂处理尸体的英军水手，让他得以从死者身上的鼠疫淋巴囊肿中采样。就在他到达香港 1 星期后，他向英方当局提出了一份报告，详细叙述了他所分离出来的一种杆状细菌的特征，以及如何将此细菌注射到大鼠体内并诱发出类似鼠疫的症状。不久，他亦证实此细菌可从一鼠传染到另一鼠的身上。然而，直到 3 年后，才由巴斯德研究所的另一位科学家发现鼠蚤是传递这种病菌的中间媒介。

数年之后，叶尔辛分离出来的黑死病细菌被用来生产鼠疫疫苗，而 1896 年生产出来的抗鼠疫血清亦正式提供世人第一剂的黑死病解药。叶尔辛将他所分离出的鼠疫病原菌命名为"巴氏鼠疫杆菌"（1970 年之后，此细菌已被微生物学界人士改名为"叶尔辛鼠疫杆菌"，用来表彰他在鼠疫研究上的贡献）。

北里柴三郎在到达香港后不久，正式用电报向世界宣称他已分离出鼠疫病原菌，并将结果发表在医学界素负盛名的《刺络针》杂志上。北里所分离得到的细菌是从鼠疫患者的心脏血液中分离出来的，后来虽然证实这是实验室污染的杂菌，但是他仍然一直被世人认为是鼠疫杆菌的共同发现人。这一方面可能是由于北里在微生物学界素有盛名，另一方面也可能是对于之前他曾在研究白喉与破伤风毒素上有过卓越

正在写报告的叶尔辛

的表现，而这些贡献并没有适当地被科学界公开褒扬一事所做的补偿。

1895 年，叶尔辛回到越南。他在风景优美的滨海都市芽庄设立了一间实验室，继续研究鼠疫菌的特性与开发供人类使用的抗鼠疫血清。此外，他还研究越南当时盛行的牛只疾病以及破伤风、霍乱、天花等疾病。这间实验室后来成为巴斯德研究所的海外分支，称为"芽庄巴斯德研究所"。

为了取得财源支持这间研究所，叶尔辛还在附近设立农场，着手种植由外地引进的优良品种——稻米、玉米、咖啡、橡胶，甚至还首度种植金鸡纳树（可提炼出治疗疟疾的奎宁）。这些作物的种植非常成功，后来甚至成为越南重要的农业产品。

1904 年，叶尔辛被巴黎的巴斯德研究所召回，此时鲁克斯已经升任该所的所长了。他与艾伯特·卡密特及阿米迪·波瑞尔共同研究他之前送回的鼠疫菌，他们得到一项重大的发现：那便是以杀死后的鼠疫菌注射到实验动物

在抗击鼠疫上作出重大贡献的叶尔辛

身上，可以诱导若干动物产生免疫力。不久之后，叶尔辛又回到他深爱的越南芽庄，担任芽庄巴斯德研究所的所长，并亲自指导该所的研究工作。他成功地生产出一种抗鼠疫血清，用来治疗鼠疫病人，可以将死亡率从 90% 降低到 7% 。

卡密特是法国著名的微生物学家，在 1891～1893 年曾在越南的西贡市设立了西贡巴斯德研究所，并担任所长。这个研究所是巴斯德研究所在海外设立的第一个分支研究所。卡密特在 1921 年与介伦共同研发出举世闻名的卡介苗（结核病疫苗）。

叶尔辛还在河内设立了一所医学院，他亲自指导该学院的教学与研究多年。此外，为了有效整合该地区的医疗资源，芽庄巴斯德研究所也与先前由卡密特在西贡成立的西贡巴斯德研究所合并，并由叶尔辛担任总所长。

在叶尔辛的领导下，研究所有效地控制住当时肆虐该地区的许多热带流行病，尤其是疟疾。1933 年，法国政府为了表扬他的贡献，特任命他为闻名于世的巴黎巴斯德研究所的"荣誉所长"。他在越南多年辛勤耕耘的结果，不但得到越南人民的衷心爱戴，同时也得到了法国政府与科学界的肯定。

叶尔辛除了在医学上作出重要的贡献外，他也关怀人民的日常生活与福祉，对于越南的农业亦有不可磨灭的贡献。例如他从海外引进了优良品种的耕牛，协助农民耕作；他引进巴西橡胶树来种植，增加人民的收入；他首先引进金鸡纳树，从树皮中提炼奎宁，用来治疗疟疾；他还引进优良品种的各种谷物（包括稻米与玉米），提高农民的收益。

他热爱农业与土地，真心关怀越南的人民。他对那里的自然历史有着浓厚的兴趣，并着迷于当地的植物与动物。他的一生几乎都奉献给这块他所热爱的土地与人民。他在芽庄过着俭朴的生活，为穷苦的民众牺牲奉献。

如今不仅在越南的巴斯德研究所内竖立着他的纪念铜像，设立了叶尔辛博物馆，在河内市也有一所"法国国际叶尔辛学校"，用他的名字来命名。而世界上也有许多国家出版各种文物、纪念品与邮票等来纪念这一位令人尊敬的科学家。

1940 年，77 岁高龄的叶尔辛，健康已逐渐走下坡，他做了最后一次的法国之行。次年，又返回他心爱的芽庄居所。1943 年 3 月 1 日，他在大勒附近突然与世长辞。依照他的遗嘱，遗体运回芽庄，并安葬在该地——他一生最爱的一块土地上。越南人民感念他的恩德，至今仍然在每年的 3 月 1 日携带花果与香烛到他的坟前祭拜与追思。

◐▸ 我国的抗鼠疫英雄——伍连德

当第三次鼠疫爆发的时候，在我国东北，也出现了一位像叶尔辛那样品德高尚，且在抗击鼠疫上作出杰出贡献的人——伍连德。

伍连德，我国卫生防疫、检疫事业，微生物学，流行病学，医学教育和医学史等领域的先驱。1910 年末，东北鼠疫大流行，他出任全权总医官，于 4 个月内彻底消灭鼠疫，因此他主持召开了万国鼠疫研究会议。此后多次成功主持鼠疫、霍乱的大规模防疫。在他竭力提倡和推动下，我国收回了海港检疫的主权。他先后兴办检疫所、医院、研究所、学校 20 余所。发起建立中华医学会等十余个学会，并创刊《中华医学杂志》。

我国的抗鼠疫英雄——伍连德

1879年3月10日，伍连德出生在南洋槟榔屿。其舅父为北洋水师名将林国祥，亲人中数人在甲午战争中殉国。1886年获女王奖学金留学剑桥，7年后以第一名的成绩获医学博士学位后回乡开业，娶福建著名侨领黄乃裳次女黄淑琼为妻。1907年受袁世凯聘请，出任陆军军医学堂帮办，此后为祖国服务30年，1937年抗日战争爆发后举家返乡。

我国东北的鼠疫首先在海拉尔出现，渐次向齐齐哈尔、哈尔滨等处蔓延，仅人口不足2万的哈尔滨一带就死亡5272人。1911年1月~2月，鼠疫蔓延到吉林省敦化、额木、延吉一带，仅延吉县境内死亡者就达323人之多。

疫病越过吉林，很快传播至辽宁省，席卷了该省数十州县。患病较重者，往往全家毙命。当时采取的办法是将其房屋估价焚烧，去执行任务的兵警也相继死亡，数月间就死了六七千人。据东三省督抚锡良奏陈疫情电文所述，此次鼠疫蔓延所及达66处，死亡人口4万余人。另据资料说，这次东北鼠疫大流行死亡总人数约为6万人。

东北鼠疫大流行期间，其流行区域并非局限在关外，曾有逐渐向关内各地蔓延之势，涉及直隶、热河、山东、河南、安徽、湖北、湖南之地。京师地区于宣统二年（1910年）12月开始发现鼠疫。在外城三星客栈有奉天来京旅客王桂林及由天津来京学生于文蔚染疫，陆续传疫京师各地。清政府曾于山海关设立检验

运尸队搬运鼠疫死者的尸体

所，各海口也同时进行检疫，以图遏制鼠疫南下之势。京师地区虽然病死了一些人，但还没有发生大的疫情。

当时的东三省非常不平静，不仅俄国和日本相互争夺，英、法、美、德也纷纷染指。鼠疫流行后，俄、日以独自主持防疫为由，图谋东北主权，以至陈兵相向。其余列强不能坐视，迫使清廷全力以赴。而大厦将倾的清王朝所能倚仗的，是归国仅2年、连国语都很不流利的南洋华侨、陆军军医学堂帮办伍连德。

伍连德临危受命，他只带一名身兼助手和翻译的学生，火速赶到鼠疫流行的前线哈尔滨，发现实际情况比想象的还要严峻。朝廷在东北的力量十分薄弱，地方官员无所作为，当地根本没有现代医学人才，在哈尔滨的各国领事和俄国铁路当局均采取不合作态度。伍

伍连德经过实验发现了鼠疫杆菌

连德除了要尽快查明瘟疫的病因，向朝廷提交控制方案以外，还要协调和俄、日等国的关系，指挥东三省防疫，以清朝的国力和国际地位，这几乎可以说是一项不可能完成的任务。

到达哈尔滨6天之内，伍连德冒着生命危险进行了中国第一例人体解剖，从鼠疫病人尸体的器官和血液中发现鼠疫杆菌，从而证明了鼠疫的流行。

可是没有想到，病因查明后，防疫前线的情况更糟。对于伍连德关于肺鼠疫这一新型鼠疫流行的判断，在场的俄、日、法等国专家都不赞成。因为事关防疫措施，一旦失误后果不堪设想。就在伍连德力排众议固执己见之时，奉命来援的北洋医学堂首席教授法国人迈斯尼向总督、朝廷和驻华使团要求替代伍连德出任防疫总指挥。为顾全大局，伍连德只得提出辞职。鼠疫利用铁路交通的便利，从哈尔滨傅家甸源源不断地经长春、沈阳入关，向全国扩散。

参与防疫工作的医生

后来，在施肇基斡旋之下，朝廷支持伍连德，免去迈斯尼防疫任务。并倾力增援，将平津直隶一带医学人才和医学生悉归伍连德麾下，总数不过50余人。恰在这时，迈斯尼私自看望鼠疫病人，患鼠疫身亡，引起举世震惊，伍连德的判断以这样一种方式一一得到证实。他因此当仁不让地

成为这场国际防疫行动的主帅。

从西伯利亚到上海，全按伍连德的防疫方案，全面隔离鼠疫病人和可疑患者，清王朝以倾国之力和鼠疫进行生死较量。在最关键的哈尔滨，伍连德率领由医护人员、中医、警察、军人和民工组成的防疫队伍，和鼠疫进行决战。每一天都有同事殉职，而每一天都有更多的人舍生忘死地冲了上去。但是隔离施行了将近1个月，鼠疫的流行趋势却越来越严重，日死亡人数持续创新高。几乎所有人的信心都动摇了，只有伍连德一个人不懈努力，用他的自信去感染整个团队，使大家在近乎绝望中坚持。1911年春节，他从朝廷请来圣旨，焚烧了几千具鼠疫死尸，成为第一次东北防疫的转折点。

靠着伍连德周密而科学的防疫方案，靠着防疫团队高达10%殉职率的血肉长城，一场数百年未见的鼠疫大流行，在不到4个月的时间里，被以中国人为主的防疫队伍彻底消灭了。这是人类历史上第一次成功的流行病防疫行动，伍连德的防疫方案也成为迄今为止对付突发传染病流行的最佳手段。

集中焚烧患鼠疫死者的尸体

东三省防疫成功，使防疫总指挥伍连德名扬四海。他挟防疫之功出任在奉天举行的有12个国家专家参加的万国鼠疫研讨会主席，而日本著名学者北里柴三郎只能担任副主席。会议结束后，清王朝赏伍连德医科进士、陆军蓝翎军衔，于紫禁城受摄政王召见，获二等双龙勋章，奉天总督授金奖；沙皇政府封赐二等勋章，法国政府授予荣誉衔。朝廷任命伍连德为民政部卫生司司长，主持创建全国现代化卫生防疫系统。

但是，伍连德并没有在荣誉中陶醉，他敏锐地意识到大鼠疫还会卷土重来。他谢绝了民政部卫生司司长的高官厚禄，放弃了其擅长的医学研究，重返东北创建东北防疫总处，然后牢牢地守在东北，等待鼠疫的再次来临。不曾想这一等就是整整10年，是伍连德生命中最美好的10年。

这 10 年，伍连德数次辞去国家卫生主管的高官，甘心做哈尔滨海关属下的一名小小的处长。这 10 年，他功绩辉煌：创建了中华医学会，作为国家特派员在上海主持焚烧鸦片，创建中央防疫处以及推动中国医学现代化。

1920 年底，大鼠疫果然卷土重来。伍连德 10 年磨剑，占尽了先机，成功地将其彻底控制和消灭在了我国东北。和 10 年前仅中国境内便死亡 6 万多人相比，第二次大鼠疫中死亡人数不足 1 万，而且哈尔滨以南几乎未受波及。更重要的是，由于防疫及时，鼠疫的隐患被消除，这一波大鼠疫流行到此终结。

第一次东北防疫后的 20 多年，伍连德作为中国首席医学专家，代表国家出席国际会议，是中国现代医学的领军人物。他在国际上不遗余力地为中国呼吁和宣传，为国家招揽人才。除对现代医学贡献卓著外，伍连德还是近代对传统医学有突出贡献的人物。他和王吉民于 1932 年用英文出版《中国医学史》，第一次系统地向世界介绍中国医学，使中医从此走向世界。

◆ 征服鼠疫杆菌的光明前景

在叶尔辛、伍连德之后，世界的医学技术不断发展。如今，相对于艾滋病等 "主流" 传染病而言，鼠疫渐渐成为了小角色。人类在征服鼠疫杆菌和鼠疫的征途中，又迈进了很大的一步，积累了丰富的经验。

桑格中心的科学家在一期英国《自然》杂志上报告说，他们从一位于 1992 年死于肺炎型鼠疫的人身上收集到一种称为 "C092" 的鼠疫杆菌菌株，对之进行了测序。研究发现，这一菌株的染色体约包含 465 万个碱基对，其中约 3.7% 的序列是重复的，还有约 150 个已经不起作用的假基因，以及一些可能导致疾病的染色体片段。

鼠疫杆菌基因组特征表明，这种病菌在进化的过程中，曾经频繁地从其他微生物处获取新的基因，本身的染色体片段也经常发生重组。这些过程可能是病菌迅速进化的关键。

这些科学家还认为，鼠疫杆菌是由一种生活在动物肠道、危害性相对较小的微生物——假结核叶尔辛菌进化来的，而且产生的历史只有几千年。可能正是通过从其他微生物窃取基因及自身染色体片段重组的过程，鼠疫杆菌在极短的时间里获得了在啮齿类哺乳动物和跳蚤之间转移的能力，并学会了在血液里生存。跳蚤将鼠疫杆菌传播给人类，引起肿胀、出血、咳嗽等症状，迅速导致死亡。

链霉素化学式

不过，这种说法还没有得到更多的认可，但它毕竟为彻底征服鼠疫杆菌点燃了希望之火。

在药物治疗鼠疫上，人类也取得了巨大的成就。

广角镜

链霉素

链霉素是一种氨基葡萄糖型抗生素。1943 年美国 S. A. 瓦克斯曼从链霉菌中析离得到，是继青霉素后第二个生产并用于临床的抗生素。它的抗结核杆菌的特效作用，开创了结核病治疗的新纪元。从此，结核杆菌肆虐人类几千年的历史得以有了遏制的希望。

为鼠疫治疗立下头功的要数抗生素。链霉素自从 20 世纪 40 年代末被发现以来，它就一直被作为治疗首选药物。有统计表明，只要能做到及时就医，经链霉素治疗后，死亡率可由 50% ~ 90% 降低到 5% 以下。

链霉素是灰链霉菌自然分泌的一种化合物，继青霉素之后，它是人类找到的第二种源自微生物的抗生素。青霉素杀菌的原理是"强攻"病菌的细胞壁，导致其缺损，从而使病菌失去保护屏障，继而破裂死亡。但鼠疫杆菌的特殊之处在于，其外周除了细胞壁的保护之外，还有一种由多糖类物质组成的荚膜，这如同为鼠疫杆菌披上了一层盔甲。因而对付这种病菌，青霉素就不太灵光了。

链霉素弃强攻而选择智取，它作用的靶点是病菌的核糖体，这种细胞器在细菌中的角色是蛋白质加工厂，细菌生长繁殖所必需的蛋白质都由这一加工厂出品。链霉素占领并破坏了加工厂后，病菌如同被掐住了七寸的毒蛇，除了乖乖送命别无他途。

对于传染病的防控，疫苗从来就是一把利器，对付鼠疫也不例外。目前使用当中的疫苗包括灭活疫苗和减毒活疫苗，前者在1946年首次应用于人类。但该疫苗的有效性是间接从越战美军的感染情况中得出的，目前并无确定的临床试验证实其效果。我国一直沿用的是减毒活疫苗，一般认为这种尚有生命力的疫苗可以在体内短暂繁殖，因而能够更好地刺激免疫系统。

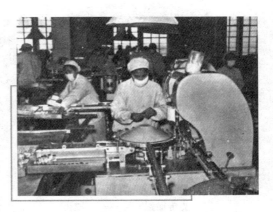

我国链霉素生产车间

而今即便效果稍好的减毒活疫苗依然存在种种问题，如不良反应较大、有潜在毒性、对肺鼠疫不能完全保护等。一些新型疫苗——如蛋白质疫苗、核酸疫苗以及亚单位疫苗——尚处在研发和临床试验阶段，还没有一种能付诸实践。

最让人忧虑的是鼠疫杆菌的抗药性。法国巴斯德研究所的科学家从一位马达加斯加的腺鼠疫患者体内分离得到一株病菌，吃惊地发现，由于该菌株内含有一个特定的质粒，使之对链霉素、壮观霉素、磺胺嘧啶、四环素等多种抗生素都存在高抗性。虽然多药耐药菌株极为罕见，这仍为抗生素治疗蒙上了一层阴影。

俗话说，"斩草除根"，彻底消除鼠疫，莫过于从根源上和传播途径上下手。

对自然疫源地进行疫情监测，控制鼠间鼠疫，广泛开展灭鼠、灭虱等卫生运动。旱獭在某些地区是重要传染源，也应大力捕杀。

通过经验总结，人类知道了鼠疫的3条传播路径。

（1）以蚤类为中间媒介，构成从啮齿动物到蚤，再到人的传播通路。在自然界中，当蚤类吸食了携带病菌的贮存宿主的血液后，其中的病菌会在蚤的前胃和整个消化道大量繁殖，形成菌栓阻塞消化道，当这种跳蚤再叮咬健康的人或动物时，原来吸入的含菌血液受阻反流，病菌便顺势侵入到新的宿主中。

跳蚤和老鼠一般生活在卫生条件较差的地方，因此通过改善卫生条件，可以有效抑制鼠疫的传播与发生。

在18世纪前后，正值第三次鼠疫大流行期间，欧洲各国积极加强了基础卫生设施的建设，如上下水道的改进，并且重视对垃圾的处理，

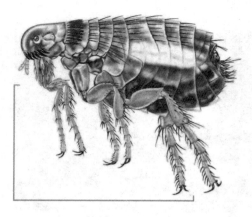

鼠疫的传播媒介之一——跳蚤

加上普遍进行的杀虫和消毒，让鼠疫得到了有效控制。这些举措也被称为"第一次卫生革命"。

（2）在自身皮肤存在伤口的情况下，直接接触感染鼠疫的动物、尸体甚至排泄物时也有被感染的可能。不过，这种情况占很小的一部分。

（3）事实上，真正导致鼠疫大流行的是鼠疫的第三种传播方式——呼吸道飞沫传播。肺鼠疫患者咳出的血、痰以及咳嗽、说话时喷出的飞沫中都含有鼠疫杆菌，未经防护的旁人与患者接触谈话时，吸入了含有鼠疫杆菌的飞沫便可直接感染肺鼠疫。

对付这种具有恶性流行特征的传染病，唯一有效的措施就是除了及时治疗外，加强有力的隔离措施。

早在第二次鼠疫大流行的时候，隔离的方法就出现了。当时，瘟疫正在向米兰蔓延，米兰大主教于是下令，对最先发现瘟疫的三所房屋进行隔离，在它们周围建起围墙，所有人不许迈出半步，结果瘟疫没有蔓延到米兰。在随后的几百年中，地中海沿岸采取隔离已经成为了人们司空见惯的事情。

人可以隔离，可以针对不同症状对症治疗，但是，鼠的活动范围较大，在脏乱环境中最易生存，其病毒至今无法灭绝。因此，人鼠之战还会持续下去。

◑ 致命的痢疾杆菌

细菌性痢疾简称菌痢，病原菌是肠杆菌科志贺菌属，也称痢疾杆菌。

痢疾的记述始于古希腊希波克拉底时代（公元前 5 世纪），19 世纪曾出现全世界大流行。1899 年，日本人志贺首先发现痢疾是由痢疾杆菌引起的。为纪念志贺的贡献，将痢疾杆菌称为志贺菌属。

痢疾杆菌是革兰染色阴性的兼性菌，无芽孢，无鞭毛，无荚膜，有菌毛，不具动力。

痢疾杆菌培养营养要求不高，在普通培养基中生长良好，最适宜的温度为 37℃，不耐热及干燥，阳光直射即有杀灭作用，加热 60℃经 10 分钟即死亡。但具有很强的耐寒性，在阴暗潮湿及冰冻环境下能生存数周，在蔬菜、瓜果、腌菜中能生存 1 ~ 2 周。对一般消毒剂如新洁尔灭、来苏、过氧乙酸等抵抗力弱，可被迅速杀死。

根据生化反应与抗原结构的不同，痢疾杆菌可以分为甲、乙、丙、丁 4 个群。甲群为志贺菌群，有 10 个血清型；乙群为福氏菌群，有 13 个血清型；丙群为鲍氏菌群，有 15 个血清型；丁型为宋内菌群，仅有 1 个血清型。各群痢疾杆菌在菌体裂解时均释放出内毒素，但产生外毒素的能力各种群差异很大，其中，最强的是志贺痢疾杆菌产生的外毒素，所以人感染后症状较为严重。

知识小链接

痢 疾

痢疾，古称肠辟、滞下。为急性肠道传染病之一。临床以发热、腹痛、里急后重、大便脓血为主要症状。若感染疫毒，发病急剧，伴突然高热、神昏、惊厥者，为疫毒痢。痢疾初起，先见腹痛，继而下痢，日夜数次至数十次不等。多发于夏秋季节。

痢疾杆菌的致病物质有菌毛和内毒素，致病因素主要是菌毛的侵袭力和内毒素的毒性作用，有些菌株尚能产生外毒素。

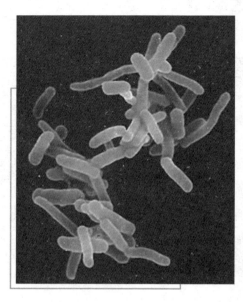

痢疾杆菌

痢疾杆菌的菌毛是侵袭力的基础，是痢疾杆菌致病的主要因素之一。此外，菌体表面的 K 抗原也与侵入人体上皮细胞的能力有关。痢疾杆菌随食物进入胃部后，若胃酸分泌正常，可被胃酸杀死，即使细菌进入肠道，也可被肠道内的分泌性抗体和肠道正常菌群所排斥。某些足以降低人体全身和胃肠道局部防御功能的因素，如慢性病、过度疲劳、受冻、饮食不当、消化道疾患等，则有利于痢疾杆菌借助菌毛黏附于回肠末端和结肠黏膜上皮细胞上，然后进入细胞内生长繁殖，最后引起细胞破裂，导致肠黏膜损伤及溃疡，引起黏膜炎症而致腹泻。一般情况下，痢疾杆菌只在黏膜固有层内繁殖，并形成感染病灶，很少侵入黏膜下层。细菌侵入血液者较罕见。有毒力的痢疾杆菌对上皮细胞的侵入作用是致病的先决条件，是导致感染的重要原因。

痢疾杆菌的内毒素作用于肠壁，使其通透性增高，促进内毒素吸收。内毒素作用于中枢神经系统及心血管系统，引起发热、神志障碍，严重者可出现中毒性休克等一系列症状。内毒素能破坏肠黏膜，形成炎症，出现溃疡、坏死、出血，在排出典型的脓血黏液便的同时，病原菌也随粪便排出。内毒素还可刺激肠壁自主神经，使肠功能紊乱、肠蠕动共济失调和痉挛，尤以直肠括约肌受毒素刺激最明显，临床表现为腹痛和里急后重症状。

俗话说"病从口入"，这句话用在痢疾杆菌的传播途径上再恰当不过了。痢疾病人的大便中，含有大量的病菌，不断随大便排出体外。含病菌的大便，如污染了水、食物等，未经消毒，健康人食入就可得病。带菌的人，通过污染的手，或借苍蝇的传播等方式，都会将病菌传给健康人。导致慈禧太后得病的痢疾杆菌就是由宫廷中得了痢疾杆菌痢疾的御厨或是痢疾带菌者，由于手上沾染了痢疾杆菌，致使病菌污染了御膳而造成的。

痢疾杆菌进入人体后不一定发病，是否得病，一方面取决于痢疾杆菌的数量和毒力，更为重要的是取决于机体的抵抗力。当身体抵抗力强，痢疾杆菌数量少，无侵袭力，则不发病；反之，当身体抵抗力下降，痢疾杆菌数量多，有侵袭力，则发病。但痢疾杆菌致病性强，与沙门菌、霍乱弧菌比较，感染剂量低得多，甚至少至 10 个细菌进入肠道就可发病，其发病率随菌量增加而增加。

痢疾杆菌一旦进入人体后，很快由胃进入小肠，侵入肠黏膜上皮细胞，在小肠内生长繁殖，并放出大量内毒素。内毒素穿透黏膜，达到黏膜固有层，少数可深达局部淋巴结，但很快可被网状内皮系统的巨噬细胞所杀灭，仅当机体免疫功能极度低下时，才发生菌血症。

内毒素被肠壁吸入进入血液，可导致全身各器官发生中毒和过敏，对人危害极大。内毒素进入血液后可引起高烧、烦躁、嗜睡、抽搐、昏迷、周身及脑的急性微循环障碍，产生休克、呼吸衰竭、脑病等。中毒性菌痢就是内毒素进入病人血液后所致。

中毒性菌痢分休克型、脑型、混合型。①休克型可出现面色苍白、四肢凉、脉细而数、呼吸急促、血压下降、脉压变小等。②脑型可出现脑水肿、颅内压增高、嗜睡、面色苍白、反复抽搐、昏迷、脑疝等。③混合型则兼有上述二型的症状。

中毒性菌痢病势凶险，可在发病一二日内死亡。有的表现骤起高热，在脓血便出现前就发生中毒现象，也可有几天痢疾的症状，2～3 天后便出现中毒症状。

广角镜

脑 疝

脑疝是颅内压增高的晚期并发症。颅内压不断增高，其自动调节机制失代偿，部分脑组织从压力较高的地方向压力低的地方移位，通过正常生理孔道而疝出，压迫脑干和相邻的重要血管和神经，出现特有的临床表现并危及生命。

得了痢疾，应卧床休息、消化道隔离。给予易消化、高热量、高维生素饮食。对于高热、腹痛、失水者给予退热、止痉、口服含盐米汤或给予口服补液盐，呕吐者需静脉补液，1500～3000毫升/日。

在用药上，可酌情选用磺胺类、喹诺酮类、抗生素类的药物进行治疗。利福平对痢疾杆菌也有一定的杀灭作用。

采用中医理论，使用中药治疗也有明显的效果。另外，采用针刺，取天枢、气海、关元、足三里或止痢穴（左下腹相当于麦氏压痛点部位），配止泻、曲地、阳陵泉等强刺激、不留针的方法效果也显著。

在对中毒性菌痢的治疗上，可以选择敏感抗菌药物，联合用药，静脉给药，待病情好转后改口服。同时还要控制高热与惊厥。退热可用物理降温，加1%温盐水1000毫升流动灌肠，或酌加退热剂。对于躁动不安或反复惊厥，则可采用冬眠疗法。

对于慢性菌痢的治疗，首先要寻找诱因，对症处置。避免过度劳累，千万不要让腹部受凉，不要吃生冷的食物。体质虚弱者应及时使用免疫增强剂。当出现肠道菌群失衡时，千万不要滥用抗菌药物，立即停止耐药抗菌药物使用。改用酶生或乳酸杆菌，以利肠道厌氧菌生长。加用B族维生素、维生素C、叶酸等，或者口服左旋咪唑，或肌注转移因子等免疫调节剂，以加强疗效。

预防痢疾，尽量少食生鱼片，图为生鱼片

远离痢疾，最重要的是预防。预防痢疾的关键措施是饭前、便后一定要洗手。生熟食物要分开，不吃半生不熟的鱼或肉片。一旦出现腹痛、腹泻，尤其是伴脓血便等症，应立即就诊。

对于细菌性痢疾，则要对病人进行隔离；病人的粪便、衣物、玩具、床铺、门把手、食具要消毒；要严格执行食品卫生法，搞好饮食卫生，消灭苍蝇，饭前便后要洗手，不要喝生水，不吃不洁瓜果、蔬菜，不吃腐烂变质的食物或苍蝇爬过的食物，不喝剩啤酒、剩饮料，不吃未经处理的剩饭剩菜。吃凉拌菜要多加些醋和蒜等。尤其在痢疾流行季节，凡有菌痢或中毒性菌痢症状者，不论有无腹泻，都要及时去医院诊治，不可忽视。

👉 屡造事端的霍乱

1991 年，秘鲁城市利马这座拥有 700 万人口的南美洲城市却笼罩在一片死亡的恐怖之中。成千上万的人患了一种可怕的疾病，轻者轻度腹泻，重者剧烈吐泻、脱水、周围循环衰竭。许多人抵抗不住病魔的侵袭，在痛苦中死去！

这种疾病就是霍乱！

根据官方的统计数据，1991 年秘鲁有 336 554 人患霍乱，其中 3538 人死亡。瘟疫穿过拉丁美洲蔓延，最后于 1994 年平息。到了当年的 9 月，从中美洲和南美洲报到世界卫生组织（WHO）的感染人数为 1 041 422 人，死亡 9643 人，但世界卫生组织估计报告上所说数据大约是实际数据的 2% 。如果这是真的话，那么也就是说 5200 万人染病，几乎占该大陆人口的 12% ，有超过 48.2 万人死亡。

霍乱病名始见于中医经典《内经》，汉朝《伤寒论》中也有所论述，清朝还有专著《霍乱论》。它是由病菌引起、由不洁饮食传染的急性肠道传染病，患者剧烈腹泻、脱水其至死亡。

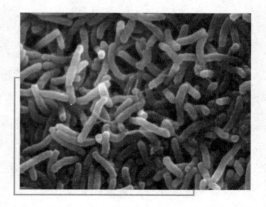

霍乱弧菌

霍乱是由霍乱弧菌所致的烈性肠道传染病，本病通过水源、食物、生物接触而传播。

霍乱，早期译作虎烈拉，临床上以剧烈无痛性泻吐、米泔样大便、严重脱水、肌肉痛性痉挛、周围循环衰竭等为特征。

霍乱弧菌包括两个生物型，即古生物型和埃尔托生物型。过去把前者引起的疾病称为霍乱，把后者引起的疾病称为副霍乱。1962 年世界卫生大会决定将副霍乱列入《国际卫生条例》检疫传染病"霍乱"项内，并与霍乱同样处理。

霍乱弧菌的这两个生物型除某些生物学特征有所不同外，在形态学及血清学性状方面几乎相同。霍乱弧菌为革兰染色阴性，对干燥、日光、热、酸及一般消毒剂均敏感。

拓展阅读

电解质紊乱

血浆中阳离子是 Na^+、K^+、Ca^{2+}、Mg^{2+}，其中以 Na^+ 含量最高，约占阳离子总量的 90% 以上，对维持细胞外液的渗透压、体液的分布和转移起着决定性的作用。其他的阳离子含量虽少，但却有特殊的生理功能。细胞外液的主要阴离子以 Cl^- 和 HCO_3^- 为主，两者除保持体液的张力外，对维持酸碱平衡有重要作用。

霍乱的典型临床表现为腹泻、呕吐和由此而引起的体液丢失、脱水、电解质紊乱、低钾综合征、周身循环衰竭等，如果不及时抢救则病死率甚高。由于起病急、传播快，影响人民生活、生产及旅游、外贸等，因而它和鼠疫、黄热病一起，被世界卫生组织规定为必须实施国际卫生检疫的三种传染病之一，在中国属法定管理的"甲类"传染病。

霍乱因始发于气候炎热的印度而被列为热带病，但可因带菌者的移动而波浪式地蔓延到气候较冷的俄罗斯和北欧的一些地区，如英国的伦敦、德国的汉堡等地。

目前认为，印度恒河下游三角洲是古典型霍乱的地方性疫源地，印尼的苏拉维西岛是埃尔托型霍乱的地方性疫源地。在 19 世纪，新交通工具如轮船、火车的发展，以及城市人口稠密、卫生条件的恶劣等因素推动了霍乱的流行。迄今为止，霍乱已发生了 7 次全球性大流行。

第一次世界性的大流行始于 1817 年，从孟加拉开始，向东通过东南亚传播到中国，又向西从波斯即今天的伊朗直至北非埃及。

第二次流行开始于 1824 年，除又波及第一次的流行区之外，已传播到俄罗斯，1831 年继续向西穿过欧洲大陆进入英国，先是从东北的森德兰港登陆，4 个月后抵达 300 英里外的伦敦。然后，于 1832 年越过大西洋席卷北美洲，1833 年又经巴勒比海到达南美洲。

第三次始于 1839 年，疾病从印度随同英国军队进入阿富汗，又传到波斯和中亚，经阿拉伯半岛到欧洲，1840年进入中国，1848年从欧洲越过大西洋到南北美洲。到1854年，整个东西半球无幸免之地，甚至很难说清这是一次新的流行，还是第一次流行的继续。在欧洲，历史最悠久的哈布斯堡王朝就是在这场大疫以及当时的社会巨变打击下颓然倾覆的。

第四次流行开始于1863年，平息于1874年，又是在以前的疫区再次流行。这次流行，死亡人数极多，如俄罗斯彼得堡在1866年死9万人。在欧洲，奥匈帝国正在征战，捷克南部8万人死于霍乱，匈牙利也死了万人；德国北部1866年死11.5万人，1871~1872年又死3.3万人；巴黎1865年死10万人。在我国，据史料记载，1863年6月中旬至7月15日，上海全市因霍乱每天售出的棺材达700~1200具，7月14日一天就死了1500人。

第五次流行为1881~1896年，病死5.85万人。由于商贸往来，商人们把该病从印度带到阿富汗传入我国和俄罗斯，再由俄罗斯传入东欧。结果，彼得堡死80万人，汉堡2个月内死1万多人。此次流行广泛分布于远东的中国、日本、近东及埃及，欧洲的德国及俄国。在美国纽约，因其采取了有效的预防措施而使霍乱得以制止，但却传到了南美洲。

第六次流行为1899~1923年，西半球和欧洲大部分地区幸免于难。斯拉夫人居住的巴尔干半岛、匈牙利、俄罗斯等地为疫区，但得到了控制，在远东的中国、日本、朝鲜及菲律宾等疾病宿寄国家都没有幸免。这次霍乱大流行中，印度于1904~1909年因该病共死252万人，1918~1919年又死

在亚历山大港爆发的霍乱中，有近6万人死亡

去112万人；埃及1902年3个月内就死亡3.4万人；我国1902~1913年共死16.7万人，1920年，上海、福州、哈尔滨流行，引起30万人死亡，1922年流行城市已达306个。在欧洲，1913年巴尔干战争中霍乱在军队中流行，死亡不计其数；在美洲，1911年7~8月，几乎全部从欧洲到纽约的船上均暴发霍乱。

诺贝尔文学获得者马尔克斯

第七次流行始于 1961 年，此次流行之菌型与前 6 次有所不同。前 6 次大流行与古典生物型霍乱弧菌有关，第七次则由印尼地方流行的埃尔托生物型霍乱弧菌所致。此型波及世界五大洲 100 多个国家和地区，而且每年都有数十个国家或地区数以万计甚至十几万的人发病，延续至今未止。

20 世纪 90 年代，霍乱患者数量呈现上升趋势。世界卫生组织称，它是对全球的永久威胁，并说"威胁在增大"。

1992 年 10 月，由 O139 霍乱弧菌引起的新型霍乱席卷印度和孟加拉国的某些地区，至 1993 年 4 月已报告 10 万余病人。现已波及许多国家和地区，包括我国，有取代埃尔托生物型的可能，有人将其称为霍乱的第八次世界性大流行。

对于霍乱流行的恐怖情景，许多书中都有记载。诺贝尔文学获得者马尔克斯在《霍乱时期的爱情》中这样描述疫情的暴发：

当乌尔比诺医生"踏上故乡的土地，从海上闻到市场的臭气以及看到污水沟里的老鼠和在街上水坑里打滚的一丝不挂的孩子们时，不仅明白了为什么会发生那场不幸，而且确信不幸还将随时再次发生。""所有的霍乱病例都是发生在贫民区……设备齐全的殖民地时期的房屋有带粪坑的厕所，但拥挤在湖边简易窝棚里的人，却有三分之二在露天便溺。粪便被太阳晒干，化作尘土，随着十二月凉爽宜人的微风，被大家兴冲冲地吸进体内……"

霍乱对人类的杀伤，比之流感、鼠疫、天花等，并非至极。但它发病急骤，上吐下泻，抽搐烦躁，皮干肉陷，声嘶耳鸣，脉细气喘，顷刻之间形貌皆非，加之饮用同一污染的水源之人同时发病，使人们愈感恐怖。

霍乱不仅造成了重大的人员伤亡，还有可能引发国际纠纷。

在 1992 年 2 月 14 日从阿根廷飞往洛杉矶的 386 航班上，一个名叫阿尼瓦尔·占福雷的阿根廷播音员出现霍乱症状，飞机降落后急送医院救治，但因病情严重，5 天后死在医院里。乘这架飞机的阿根廷电视记者从洛杉矶转机抵达东京后，也染上了霍乱，经医院抢救后，幸无危险。

乘这次航班的 300 人中，有 80 人染上了霍乱。因这架飞机在秘鲁利马机场着陆补充食品和饮用水，阿根廷政府坚持认为该机上的霍乱病毒是在秘鲁染上的。但对阿根廷政府的指控，秘鲁政府断然否定。秘鲁卫生部长发表声明，认为阿根廷的说法是毫无根据的，并取消了阿根廷飞机在秘鲁的降落权。

就这样，双方相互攻击了很长时间。到 1992 年 5 月底为止，美洲各国霍乱严重程度依次为：秘鲁、厄瓜多尔、哥伦比亚、危地马拉、巴西、巴拿马、墨西哥、阿根廷、委内瑞拉、美国、智利等。

拓展阅读

霍 乱

霍乱是一种烈性肠道传染病，两种甲类传染病之一，由霍乱弧菌污染水和食物而引起传播。临床上以起病急骤、剧烈泻吐、排泄大量米泔水样肠内容物、脱水、肌痉挛、少尿和无尿为特征。严重者可因休克、尿毒症或酸中毒而死亡。在医疗水平低下和治疗措施不力的情况下，病死率甚高。

由于拉美霍乱流行的严峻局势，欧洲议会召开紧急会议，要求欧盟各国向拉美疫情最严重的国家提供紧急援助，以便尽快制止霍乱的进一步蔓延。

霍乱弧菌如此"猖獗"，人类是否就对它束手无策呢? 不是的。

在电子显微镜下，霍乱弧菌微微扭曲，一端飘摇着长长的鞭毛。但它在人体内远没有在镜头下这么悠闲：胃酸会令绝大多数霍乱弧菌毙命。也许会有几颗细菌到达终极目的地——小肠。

霍乱弧菌产生致病性的是内毒素及外毒素，正常胃酸可杀死弧菌。当胃酸暂时低下时或入侵病毒菌数量增多时，就进入小肠。

这种外毒素可以导致细胞大量钠离子和水持续外流，并对小肠黏膜作用而引起肠液的大量分泌。由于其分泌量很大，超过肠管再吸收的能力，在临床上出现剧烈泻吐，严重脱水，致使血浆容量明显减少，体内盐分缺乏，血液浓缩，出现周围循环衰竭。由于剧烈泻吐，电解质丢失、缺钾缺钠、肌肉痉挛、酸中毒等甚至发生休克及急性肾功能衰竭。

在小肠中，未被胃酸杀死的霍乱弧菌在碱性肠液内迅速繁殖，并产生大量强烈的外毒素。它像泵一样把氯离子源源不断地从人细胞里抽出，使之与小肠腔里很常见的钠离子结合，变成"食盐溶液"。这样，小肠腔盐浓度就很高，而小肠细胞的盐浓度则很低，为了维持盐的平衡，小肠细胞就会发疯一样地向小肠腔吐水，吐光了再从人体其他部分吸，吸了再吐。如此下来，肠毒素能在一天之内通过小肠细胞从人体吸出 6 升水，全都变成"米泔便"排出人体。霍乱弧菌花大力气制造肠毒素之目的，就是生产这样的"米泔便"帮助它们繁殖——其中带有成千上万新生的霍乱弧菌。霍乱弧菌借此污染水源，寻找下家。

失水让人迅速干瘪，当失去 10% 的水分，人就可能眩晕甚至昏厥。但在腹泻时流走的不只是水分，还有维持细胞功能所需的氯、钠和钾离子。钾流失严重，心脏功能和神经传导便会产生障碍。同时腹泻还会带来低血糖甚至肾衰竭的危险。

霍乱弧菌致病的原理如此直接，治疗措施同样易行。只需 1 茶匙食盐加 8 茶匙糖，用过滤或煮沸的干净水配成 1 升溶液让病人喝下即可，在必要的时候可以采取补液盐注射。这种简单的治疗能将死亡率由 50% 降到 1% 以下。当然，抗生素可以将症状持续时间减半，但这只是辅助，如果不补充盐类来缓解症状，吃下药物也是枉然。

面对霍乱的威胁，比治疗更重要的是预防。1858 年，在当时那个还不知道霍乱弧菌为何物的年代，伦敦刚刚从霍乱的危机中复苏，便花了近 10 年修缮城市排水系统。从 1866 年至今，它一直保护着市民的健康，伦敦再无一人感染霍乱。而人类认识到这一切，又是经历了一个痛苦的过程！

当霍乱第一次流行时，欧洲人对其还茫然无所知，将其称之为"新瘟疫"。在《希波克拉底文集》中所描述的患者死亡前的面部表征，几个世纪以来，还从未如此常见过。感染霍乱后，一般病人脱水后 2 日便死亡，只有少数病人能再挺住一两日，如能挨过脱水期 48 小时者，则其中多数可以存活。极度的脱水使患者的皮肤带有一种不祥的蓝色，死者的尸体腐烂的速度似乎更快。这些都使霍乱披上了一层离奇古怪的色彩，许多人以此把霍乱视为"神的惩罚"。

对于这种新瘟疫，传到欧洲以后，在治疗无效之时，便采用了应对鼠疫的隔离检疫的办法。这种方法得到了一定的赞同，特别是那些提倡接触传染学说的医生们竭力赞同。但是这仅隔离了病人而没解决污染水源的问题，霍乱仍继续扩散，这又为反对接触传染学说的瘴气学说论者引以为据。瘴气学说认为，病源在于死尸或一些腐烂物质发生了瘴气，造成霍乱的传播。

第二次霍乱在欧洲流行，人类已经意识到这种新瘟疫的严重危害了，例如在英国，仅 1832 年，霍乱就使 2.3 万名英格兰人和威尔士人丧生，直到多少年以后，他们还把 19 世纪 30 年代中期称为"霍乱的年代"。英国政府在 1831 年 6 月成立了由 6 名医生和 5 名公务员组成的健康理事会，并对霍乱隔离检疫。

当时，人类还没有发明抗生素和补液疗法。那时候的医生们治疗霍乱，有两大传统疗法，即放血术和清泻疗法。但这对霍乱的治疗不仅无济于事，反而能加速病人的死亡。医生们自感乏术，公众对医务界也甚为不满，对医院的批评更为尖刻。

1832 年，面对霍乱的治疗一筹莫展，一家医学杂志悲叹道："非常奇怪的是，我们的《药典》总是落后于科学的进程。"当时在英国的伦敦，除有 500 张床位免费收治霍乱的皇家医院外，还设有临时性的霍乱医院。不过在 11 000 例病人中，有 5000 人死亡，可见死亡率之高。

在这个时候，研究者通过统计数据发现了这样一个事实，发病者的贫富差异，似乎不像斑疹伤寒那样明显，而却有几乎绝对的地区差异。例如有一些地区遭受重创而另一些地区幸免于难。

◐ 斯诺与布劳德水井

在霍乱第三次大流行时，英国医生、麻醉学家、流行病专家约翰·斯诺，以著名的"斯诺调查"确认了霍乱的传染与饮水即水源污染的关系。由此调查而认证了水源污染是传染途径的关键。现代流行病学家把这种流行现象称为"集束性发作"。英国由此开展了清洁水源运动。这标志着人类征服霍乱弧菌进入了一个新阶段。

1813 年，斯诺出生了，他的父亲是一个煤矿工人。斯诺天资聪明，勤奋好学，在学校里的表现非常优秀。斯诺想当一名医生，所以在 14 岁的时候，他来到纽卡斯尔，成为了哈德卡斯尔大夫的一名学徒。

英国医生、麻醉学家、流行病专家约翰·斯诺（1813—1858）

1831 年，欧洲大陆暴发霍乱，几十万人的生命由此消失。这年的夏季，霍乱开始在伦敦流行，并很快向北部传播。10 月份，霍乱流行到纽卡斯尔。

作为医生，哈德卡斯尔大夫收治的病人很多，完全忙不过来，于是斯诺作为学徒，常常帮忙处理这些危重的病人。在那个时代，治疗又是完全不得要领，对腹痛、腹泻、呕吐导致严重脱水的病人，也仍然采用放血这种雪上加霜的疗法，这对流行的霍乱没起到任何抑制作用。

不过幸运的是，到了第二年的 2 月，铺天盖地的霍乱像突然发生一样，又突然停止了。在这场灾难中，英国有 2 万人被霍乱夺走了生命。

1843 年，斯诺在伦敦大学获得医学学位，1 年后通过了考试，来到伦敦开诊所，诊所在伦敦西区的弗里思街 54 号。

在没有霍乱流行的时期，斯诺成为了一位杰出的麻醉师。1846 年 10 月，美国波士顿的麻省总医院的牙医莫顿大夫成功地演示了实施乙醚麻醉的手术。12 月中旬，伦敦牙医鲁宾孙在小范围内公开演示乙醚麻醉。12 月 28 日第二次演示的时候，斯诺就在手术室里观看。

距上次霍乱间隔十多年后，霍乱再次袭击伦敦。1848 年的 9 月，来自汉堡的德国蒸汽轮"易北河"号经过几天的航行在伦敦靠岸。有个叫约翰·哈诺尔德的船员住进霍斯里镇的一个旅馆。9 月 22 日他死于霍乱。几天后，一个叫布伦金索的人住进他的房间，9 月 30 日，他也染上霍乱而死。1 周之内，附近的居民开始有很多霍乱的死亡病例报告。

这场霍乱流行最终扩展到整个英国。这次霍乱的流行反复持久，在同一个地区往往是暴发，稍停，再暴发，再稍停，2 年后霍乱在英国流行完全停止的时候，有 5 万人在这次瘟疫中死亡。

要控制霍乱的流行，最首要的问题就是要知道霍乱的传播途径。而当时的主流理论是毒气瘴气说。在毒气瘴气理论的指导下，人们对霍乱的流行还是束手无策，无非就是避免接触，消毒房间，最有效的办法就是趁还没有染病前赶快逃跑。但这丝毫没有让流行的霍乱有所缓解。

早在 1831 年，斯诺还在学徒时就曾经注意到一些煤矿工人患病而死，他考虑过这些病人的手上可能有致病物质，因为在井下没有水洗手。而此时，这种想法再次出现在斯诺的脑海里，他开始对霍乱传播的毒气瘴气学说产生了怀疑。他在想：如果霍乱的传播是通过毒气瘴气而实现的，那么为什么那些没有去过这个旅馆房间的人也纷纷染病呢？为什么同一个医生分别两次到了这个房间看了这两个不幸的病人，分别都和病人一起待了好几个小时而没有被传染？气体经过呼吸入体，为什么症状只在消化道等一系列问题。

拓展阅读

乙　醚

无色透明液体。有特殊刺激气味，带甜味。极易挥发。其蒸汽重于空气。在空气的作用下能氧化成过氧化物、醛和乙酸，暴露于光线下能促进其氧化。当乙醚中含有过氧化物时，在蒸发后所分离残留的过氧化物加热到 100℃ 以上时能引起强烈爆炸。这些过氧化物可加 5% 硫酸亚铁水溶液振摇除去。与无水硝酸、浓硫酸和浓硝酸的混合物反应也会发生猛烈爆炸。溶于低碳醇、苯、氯仿、石油醚和油类，微溶于水，易燃，低毒。

到了 1849 年的夏天，霍乱还在继续，在近 1 年的观察和调查以后，斯诺信心百倍地提出了自己的理论：霍乱是病人摄入了一种尚不明确的物质而导致的，这种物质存在于其他已患病病人的排泄物中，摄入的途径要么是通过直接接触这种物质，要么是饮用了被这种物质污染的水。霍乱是传染的，但不是像其他的传染病那样通过空气传染的。霍乱是吞进去的，不是吸进去的。

斯诺的证据来自两组研究，第一组研究是霍斯里镇的社区研究。在 1849

年 7 月，托马斯街有 12 个人在一次暴发中死亡，他们都住在一个叫作萨里楼的房子里，共用前面的一口水井，生活污水、化粪池的水常常蔓延到水井。一个人的排泄物一旦污染水井，所有饮用水井里水的人都会被感染霍乱。

霍斯里镇

这个社区的街道平面图给斯诺的研究提供了很大的帮助。斯诺发现萨里楼的背后有一圈房子，叫作特拉斯科特院，住的也是生活习惯接近也差不多贫穷的人，其他环境和萨里楼完全相同，就一个差别：院子里没有水井，他们的水来自不同的地方。在萨里楼里面死去了 12 个人的 2 个星期内，特拉斯科特院内只有一个人感染了霍乱。萨里楼和特拉斯科特院构成了一个大四方院，如果是毒气瘴气传播了霍乱，那么在这么小的范围内，会导致两个在各方面条件基本相同的人群的病例有 10 倍以上的差别吗？

同时，斯诺对水的来源的关注从调查这个四合院上升到分析整个行政区乃至全伦敦市，这就是斯诺的第二组研究。要说清楚第二组研究，先要说一个人。

1838 年，伦敦注册总局委任威廉·法尔负责记录全市的出生、结婚和死亡情况，定期做成表格向当局报告。他是一个非常严谨认真的人，曾经用登记的数据对寿命和结婚的关系做过研究。斯诺的第二组研究就是用他的一份伦敦 1848～1849 年霍乱死亡报告，来展开对供水公司和霍乱发病关系的研究。

法尔的报告中记录了全伦敦一年内的霍乱死亡数为 7466 例，其中 4001 例在泰晤士河的南边。用这个数据可以计算分区的死亡率。南区的霍乱死亡率为 8‰，是全城的 3 倍，而西北郊区的为 1‰。东区的居住条件最差，人口最拥挤，街道最脏乱，气味最刺鼻，根据毒气瘴气的说法，霍乱的发病率应该最高，但他们的霍乱死亡率只有南区的 1/2。

斯诺把这些总结的数据制成表格交到伦敦卫生部门，指出不同的供水公司在泰晤士河的不同流段取水，向不同区的居民提供生活用水，是导致各地区霍乱不同发病率的根本原因。当局没有接受斯诺关于霍乱的水传播的理论，也没有听从斯诺提出的调查和清洁水源的意见。

但是，斯诺为了宣传自己的理论，1849年他发表了一篇论文——《霍乱传递方式研究》。在论文中，他详细介绍了1854年英国伦敦西敏市霍乱暴发时水源在病菌传播中所起的媒介作用。他通过与当地居民交流和仔细分析，将污染源锁定在布劳德大街（现布劳维克大街）的公用抽水机上。

从报纸的评论来看，医学界对斯诺的努力是肯定的，但是对结论还是很怀疑的。根本的原因当然是因为主流的毒气瘴气理论难以动摇，斯诺的水传播学说还要有直接的证据才行。来自《伦敦医学报》主要的质疑是，被污染的水和霍乱的流行之间的因果关系还没有确凿

布劳德大街的水井

的证据来说明：斯诺需要有一个决定性的理想的实验，就是把受到污染的水送到一个没有霍乱发作的遥远的地方，用过水的人发病，没有用过的人不发病。

当然没有人能够人为地进行这种理想的实验。所以，在挑战毒气瘴气的战斗中，斯诺还远远没有取得胜利。他的理论被人们所接受，是通过一个特殊事件完成的。

当时，伦敦西区的布劳德大街40号住着一个名叫里维斯的警察和他的妻子莎拉。这个房子原来是为一个家庭设计的，加上几个佣人的起居，总共是11个房间。里维斯住的是客厅改装后的房间。很快他们就有了一个男孩出生。孩子一生下来就很弱，10个月的时候就死去了。几年后，1854年3月，他们的第二个孩子出生了。这个孩子看起来比先前死去的哥哥要强壮很多，莎拉

也很费心地照顾着她，因为她有自己的健康原因而不能够给孩子喂奶，靠着米粉和牛奶，孩子的发育和健康也还是很不错的。但是在1854年的8月，也就是孩子还不到6个月大的时候，却感染上了霍乱。

尽管一年以前，伦敦的南区已经有不少霍乱的报告，但是，里维斯所居住的这个地方却是有好几年没有发生霍乱的病例了。

1854年8月28日早上6点，人们还在睡梦中，这个孩子突然开始呕吐、腹泻，绿色的水样的大便有一股刺鼻的味道。在等待医生的时候，莎拉把孩子的大便弄脏了衣服在桶里洗了洗，趁孩子睡着的间隙，把水提到楼下，倒入门口的污水池里面。

他们家的楼上住着一家裁缝。由于当时是夏天，裁缝的妻子每天都要到门口的水井里打来凉水降温、食用。1854年8月30日的下午，裁缝开始觉得肚子不舒服，8月31日开始呕吐、腹泻，9月1日裁缝两眼凹陷，双唇发紫，下午1点，裁缝被霍乱夺去生命。这是在上一次霍乱流行停止了5年以后这个地区的第一个霍乱死亡病例。不到24小时，9月2日上午11点，楼下的小婴儿停止了呼吸。在这个居民区的小范围内，这一天里霍乱导致了近百人死亡。

霍乱在伦敦再次暴发了。斯诺的家（诊所）离布劳德大街只有15个街口。9月3日，星期天，当斯诺来到这个霍乱暴发中心的时候，与布劳德大街相交的贝里克街上的高建筑上挂了警示瘟疫的黄旗。这天的傍晚，斯诺在布劳德大街的水井里取了样本，因为多数的死亡病例都发生在这个居民区，同时也到附近的几个水井里取样作为对照。斯诺以前对供水公司的研究表明，这个地区的水是来自泰晤士河比较干净的城市下水道出口的上游，但是水井被居民的排泄污水所污染的可能性还是存在的。斯诺对比较的结果很失望，所取来的4个不同样本都很清亮，在显微镜下看不到任何可疑的物质。斯诺决定开始调查这一片居民中，霍乱的病例和他们的取水的关系。

第二天，斯诺到注册总局抄录9月2日为止（也就是暴发的第一个星期）的83个霍乱病例的住址后回到布劳德大街，测量他们的住址和布劳德大街水井的距离，发现当中的73个病例离这个水井的距离比附近其他任何一个水井的距离都要近。73个病例里面，有61个喝了布劳德大街水井的水。访问了另外的10户人家，斯诺知道了其中的8个人喝过布劳德大街水井的水，还有2个是学生，每天上学要经过这个水井喝水。9月6日，斯诺到政府部门报告了他的调查结果，提出要政府下令拆除布劳德大街水井的摇把。当局没有接受水源污染的理论，但是水井的摇把还是立刻拆除了。

在摇把拆除以后不久，这个局部的霍乱就停息了。市卫生部门为了搞清楚这次暴发流行的原因，派了人调查这个区的居民的居住环境。这是毒气瘴气理论指导下的研究调查。9 月 11 日，报告说，多数病例的家里都出乎意料地干净。

斯诺继续在这个小区调查，他发现以布劳德大街水井为中心在步行 3 分钟的距离内，流行的第一周内的死亡人数是 197 人，有很多人是病了以后到外面其他地方的医院死亡而没有被记录下来。令人惊讶的是，有些远距离的病例也和布劳德大街的水井有直接的联系。在从布劳德大街往西 30 米的克拉斯街 10 号，1 个裁缝和 5 个孩子住在一个屋子里。每到半夜热醒了，就叫成年的老大或者老二跑远路去布劳德大街的水井打一桶凉水来喝。离他们家有个更近的水井，但是味道不好。斯诺从法尔的报告书上看到了这个记录，可是当他找到这个住址的时候，已经太晚，裁缝和 5 个孩子在 4 天内全部死亡。在离开布劳德大街水井不远的地方有个啤酒厂，一个人都没有出现霍乱，斯诺发现他们有自己的水井，不但如此，那些工人还主要是用啤酒解渴。

斯诺全面仔细的调查深入到了人们的生活起居、饮食习惯、卫生行为。斯诺的调查发现，布劳德大街的水井深得人心，有些游人到了布劳德大街时一定要喝口井水。有个家庭一直用布劳德大街的井水，但是挑水女儿正好在那几天病了，全家得以逃脱霍乱。而里维斯住在楼上却一直不喜欢这个水井的水。

在布劳德大街上有个雷管厂，老板去世后由孩子接管，太太苏珊娜也就搬到了汉普斯特德去住，可是她喝了几十年布劳德大街井水。尽管离开这里有好几千米远，孩子还是定期给她用车推水去，最后一次送水是 8 月 31 日。苏珊娜是这个地区的唯一的霍乱死亡病例。在苏珊娜病倒的时候，她的侄女来看望过她，也喝了存在她家里的水，侄女回去后也死于霍乱。

为了更好地展示自己的研究资料，更深入地说服当局，斯诺画了一张布劳德大街区的地图，标记了水井的位置，每个地址（房子）里的病例用条码显示，条码就明显地集中在布劳德大街的水井附近。这就是著名的鬼图。

9 月 25 日，伦敦卫生部门终于派出监察员来调查布劳德大街的水井，报告却对斯诺不利。井内的结构完整，表面光滑，砖头都没有裂缝，下水道比井底要深，而且离开水井有 3 米之遥。10 月中旬，在确定了霍乱完全控制以后，水井的摇把又装上了。10 月底外逃的人们纷纷回家。11 月，有个叫亨利的牧师邀请斯诺参与对这次霍乱暴发原因的调查，他并不接受斯诺的理论，但是特别佩服斯诺的精神，也很推崇斯诺的研究方法。

1854 年底，斯诺的《论霍乱传播的模式》第二版发行。但是他的理论仍旧难以让人接受。不过，就在这个时候，另一位科学家却通过另一种手段，在征服霍乱的道路上开了一个新局面。这个人就是意大利人帕西尼。

帕西尼是一个半路出家的解剖师。当时，他所在的城市佛罗伦萨也遭到了霍乱的侵袭。帕西尼从病人尸体的小肠上采来样品，并观察到上面有成千上万微微弯曲的棒状小东西。帕西尼将它们命名为弧菌。接下来，帕西尼继续用显微镜检查了所有能找到的霍乱样品，其中包括血液、粪便，甚至死者的内脏黏膜。他发表了许多文章，论证霍乱是一种传染病，不是由"瘴气"而是由"小东西"造成的。凭借解剖学症状，帕西尼竟预言了一种正确的治疗方法：给病人注射盐水。可惜，那时的学术界仍然信奉"瘴气说"。在 1874 年的国际卫生会议上，21 国政府投票一致认定"导致霍乱的坏东西仍旧在空气里乱飞"。帕西尼的作品甚至从来没有被翻译成英文，当然也无人知晓。

同斯诺一样，帕西尼终身未婚。他一生的积蓄都交给了霍乱研究以及两位生病的妹妹。不过，在离开人间 82 年之后，帕西尼的观察终于得到世人承认。他当年的命名被正式接受：霍乱弧菌——帕西尼 1854。

让人同样感到欣慰的是，斯诺的霍乱水源传播理论最终也被人们所接受。

1855 年 3 月的一天，一位牧师在读霍乱死亡报告的时候，注意到有一个报告里有这样的文字：布劳德大街 40 号一个 5 个月大的女婴在呕吐、腹泻 4 天后于 9 月 2 日死亡。牧师计算了一下，女婴的症状是早于裁缝出现的，也就是说，裁缝是最早死亡的但不是最早的病例。牧师立刻赶到里维斯的家，向莎拉了解了孩子的情况。牧师惊讶地听莎拉说屋前还有污水池：不是全部都改成了下水道么？

4 月 23 日，经过检查发现，这个污水池池壁腐化不堪，结构松动，污水存积。最可怕的是，这个池子离水井只有 0.8 米。平常时污水渗透到水井，一旦下雨，污水就直接蔓延。

8 月 28 日，婴儿的排泄物第一次倒入污水池，霍乱突然开始。

9 月 2 日，婴儿死亡后，再没有新的排泄物入池。霍乱突然停止。

卫生部门没有接受斯诺和牧师报告的结论。1858 年 6 月 16 日，斯诺英年早逝。霍乱的水源传播理论仍然没有得到当局的承认。报纸也根本没有提到他对人类战胜霍乱的贡献。直到 100 多年后，人们才真正意识到了斯诺的伟大成就，并将其尊为"现代流行病学之父"。

◑ 科学对待霍乱杆菌

在霍乱第五次大流行时，法国科学家巴斯德和德国科赫对霍乱的研究，又对细菌学的建立提供了有价值的内容。

很早的时候，巴斯德就猜测霍乱与细菌有关。1881 年，巴斯德在对动物霍乱研究中，发现了霍乱有和詹纳种痘一样的获得性免疫现象。他把发病的鸡霍乱毒液（其中含霍乱菌），经过几代动物体内减毒培养，再接种给健康的鸡，就可阻止鸡霍乱发生。他采用同样方法制止了山羊霍乱和牛霍乱。

对于巴斯德这项工作，20 世纪美国医史学家加里森给以很高的评价："在合适的动物体内，经过培养可以将致病微生物的毒力减弱或增强……这种思想是科学史上最富有智慧的思想之一。

广角镜

霍乱菌

霍乱菌即霍乱弧菌，是引起人体消化道严重病患的一种弧菌。菌体弯曲如弧形或逗点状，长 1～3 微米，宽 0.3～0.6 微米。直接从病人排出的米泔水样粪便作涂片镜检，常可见弧菌彼此连接，平行排列如"鱼群"状。在人工培养基上培养稍久，菌体可变成杆状。革兰染色阴性，无芽孢和荚膜，细胞一端有单鞭毛，运动活泼。人被霍乱菌感染后的主要症状为剧烈的吐泻、脱水，严重时可致死。由霍乱菌引起的霍乱病，是起源于印度的一种烈性肠道传染病，此病曾有 6 次发生世界性大流行，导致大批人死亡。

过去传染病产生或消失，其原因简单地说，就是在特殊条件下病原微生物毒力的增强或减弱。"

科赫曾于1882年首先分离了结核杆菌，正是这种细菌引发了桑塔格所说的"浪漫主义灵魂疾病"。他也曾经描述霍乱：比其他致命疾病更可怕；它使感染者褪去人形，皱缩成自己的漫画形象，直到生命消亡。

恰巧就在帕西尼去世的这一年，科赫被派到霍乱横行的埃及，满眼是各样的"漫画形象"。在这里，科赫的显微镜下重现了30年前帕西尼看到的景象——弧形且带尾巴的"逗号"杆菌。当埃及的霍乱得到控制后，科赫主动要求前往同样是霍乱肆虐的印度继续研究。几个月后，他终于在实验室中培养起这些菌种，并根据细菌繁殖和传播的特点总结出控制霍乱流行的方法，直到今天仍使人类受益。科赫带着纯净的霍乱弧菌回到了祖国，受到了人们对民族英雄般的欢迎。

1905年，科赫获得诺贝尔医学奖，这是对他几十年工作的肯定，其中也包括对霍乱弧菌的认可和对"瘴气说"的否定。这个在50年前被斯诺追踪、被帕西尼详加记录，又在20年前被科赫好生饲养在实验室里的细菌的致病性终于尘埃落定。

科赫发现霍乱弧菌以后，德国另外一位医学家彼腾科夫认为霍乱的流行除细菌外还有其他因素。1892年10月7日，他亲自吞服了1毫升霍乱菌液。3天之后，他感到肠道有不适感，第六天出现了腹泻。彼腾科夫坚持拒绝服药治疗，腹泻于第二天消失。通过对大便的培养，证明了霍乱弧菌的存在，但彼腾科夫并没有出现呕吐等其他霍乱症状，说明如果饮了纯霍乱菌，并不能发生霍乱，霍乱弧菌不是霍乱流行的唯一原因。这也能解释当年在德国流行霍乱期间，汉堡市和毗邻的爱尔托纳城因水源不同，瘟疫只光顾了饮用易北河水的汉堡市，爱尔托纳城因饮用的是过滤水便没有人患霍乱。其后，在巴黎的一场霍乱中，人们封闭了一个污水沟，便制止了霍乱。由此可见，污水是霍乱发病机制中的一个助长因素。

霍乱期间的一系列病源的流行病学调查，使欧洲一些国家，特别是在英国，对饮水的供应和污水处理等有关问题非常重视，在英国开展了清洁水源运动，并由此开创了"公共卫生学"这一医学门类。

1837年英国引进了记录生、死、婚姻情况的公民登记制度，1844年一些地方建起了"城镇卫生协会"，1845 年英国议会对公共卫生法案的试行开始辩论。1847 年利物浦首先指派一名"卫生官"监管城市预防工作。1848 年英国开始推行公共卫生法案，同年，英国一些地方开始建下水管道系统。公共卫生法案要求全国设立中央性的卫生总理事会，负责领导全国的公共卫生运动，1834～1854 年的负责人

污水是霍乱发病机制中的一个助长因素

是爱德温·查德威克爵士，1856～1876 年约翰·西蒙担任了首席卫生官，该组织因推行许多健康立法和严格的公共卫生政策，开拓了英国的卫生管理工作，为不断发展的科学的疾病预防工作奠定了基础，也为世界各国所效仿。

　　1892 年，在威尼斯举行的国际会议上，为防治霍乱国际公约订出防疫规章，其所订标准后来分别在 1903 年和 1926 年由巴黎防治鼠疫公约加以补充。这个国际防疫规章对各国预防传染病运动产生了极大的效果。20 世纪初叶传染病的死亡率明显降低，在很大程度上得益于防疫规章这个国际公约的实施。

▶ 中国的抗击霍乱之路

　　在世界霍乱的 7 次大流行中，我国每次都是重疫区，并且在两次流行的间期也患者不绝，病死的人非常多。

　　伍连德在《中国霍乱流行史略及其古代疗法概况》中写道："自 1820 年英国用兵缅甸，一旦霍乱流行，直由海道经缅甸达广州，波及温州及宁波两处，以宁波为剧。次年，真性霍乱遂流行于中国境内，由宁波向各埠蔓延，直抵北平、直隶、山东等省。1826 年夏由印度传入中国。又自 1840 年由印度调入英印联军，遂造成第三次之霍乱流行。"

　　陆定圃在《冷庐医话·卷三·霍乱转筋》中说："嘉庆庚辰年（1820 年）

后，患者不绝"。王清任《医林改错·下卷·瘟毒吐泻转筋说》中也说："道光元年辛巳（1821年），病吐泻转筋者数省，死亡过多，贫不能葬埋者，国家发币施棺，月余之间，共数十万金。"

在清代，以光绪十年（1884年）流行最盛。在民国时代，以民国二十一年（1932年）霍乱流行最广，波及城市达306处，患病者达10 666人，死亡者达31 974人。

据史料记载，早在光绪十六年（1890年）夏，位于我国辽宁省东南部安东地区就有疫病发生，其流行迅速，来势猖獗，仅死者就有千余人。

光绪二十一年六月，疫病再次大流行，以安东之大东沟、沙河镇两处最烈，死者不计其数，且多系工人。流行最激烈时，整日掩埋死人不断。有的送葬抬棺人，还没有到达墓地就在途中发病死亡，这无不令人惊骇。

光绪二十七年（1901年）七月，安东地区疫情变本加厉，患者以劳动者为多。仅沙河镇区，每天的死者就达30～60人。

1907年夏，在中国出现霍乱大流行。安东地区及大连、旅顺、辽阳等地均都波及，尤以大连、旅顺出现的患者为多。此病于八月下旬首发于大连，终止于十一月上旬。

次年六月，安东的霍乱流行最为剧烈，木排工人死者无算。由于装着尸体的棺材已无亲友故旧安葬，均送集珍珠泡地带。路旁地内积棺遍野，尸骸暴露，惨不忍睹。

霍乱传入我国后，因不知病源，医生则据症状名病和预防。徐子默在《吊脚痧方论》中，称此病为"吊脚痧"；田晋元则在所著《时行霍乱指迷》一书中，称为"时行霍乱"。民国初年，也有据英语者称此病名为"真霍乱"。此后，随着时代的发展，到20世纪中叶以后，在法定文献和教科书中便称此病为霍乱，而不再称"真霍乱"和其他病名了。在王孟英所著《霍乱论》中，提出在春夏之际，在井中投以白矾、雄黄，水缸中浸石菖蒲根及降香为消毒预防之法。

霍乱虽然与《伤寒论》上所记载的霍乱病源和轻重不同，但运用《伤寒论》的辨证和方药，如用理中汤、四逆汤等却能收到很好的疗效。虽然这种疗法遭到徐灵胎、王孟英等人反对，说霍乱属热不可以热药疗治，但通过实践，证明这不失为一种好疗法。当年章太炎先生就指出，四逆汤之疗效，和西医的樟脑针、盐水针（补液）效果不相上下，而且原理也相同。

在当代，治疗霍乱的几大原则不外乎是输液或口服药物，以补充水及电解质，使用抗生素（如磺胺、呋喃唑酮、四环素、强力霉素等）治疗并发症和对症治疗。不过，也不能小看运用中医药治疗霍乱的方法。早在《内经》的运气学说中，就指出不同类型的气候模式与某些疾病流行相关。1951 年，郁维对上海 1946～1950 年霍乱流行的研究，证实了霍乱流行与大气的绝对湿度有关。

知识小链接

强力霉素

强力霉素是抗生素类药，可以治疗衣原体支原体感染。其性状为淡黄色或黄色结晶性粉末，臭，味苦。在水中或甲醇中易溶，在乙醇或丙酮中微溶，在氯仿中不溶。

第七次霍乱世界大流行于 1961 年传入我国阳江，在沿海地区引起广泛流行。我国最先用第 IV 组霍乱噬菌体鉴别法证实其病原为埃尔托型霍乱弧菌。经过大力防治，于 1965 年得到基本控制。1973 年疫情再次发生，1979～1981 年间形成第二个流行高峰，随后在 80 年代疫情一直保持在较高的水平，并且波及面较广。1987 年北海、合浦、防城、钦州四市县发生一次较大流行，共发病 1093 例。据分析当时广东西部未发病而广西沿海已有流行。经广西自治区卫生防疫站证实是由于过境越南难民埃尔托霍乱带菌者引起的霍乱流行。但也有人认为该次大流行尚不能排除是北部湾海域的海生动物作为疫源以及菌型变异所致。广东省

广东省是我国霍乱高发地区之一

1990 霍乱发病数居全国之首，主要分布在粤东的汕头市区和各县，以及珠江三角洲的深圳、广州、东莞、珠海等 7 市 11 县。

1961 年的埃尔托型霍乱给我国造成了很大的危害。1992 年于印度及孟加拉等地流行的霍乱，已经证实是埃尔托型的变型所致，该菌定名为 O139。巴基斯坦、斯里兰卡、泰国、尼泊尔、我国香港及欧美等地都发现了患者。1993 年，在我国新疆首先发现 O139，5 年多时间报告 300 余例。

可以说，在当前世界上，霍乱的流行仍然是一个令人困扰的公共问题。1997 年霍乱在扎伊尔的卢旺达难民中大规模暴发，造成 7 万人感染，1.2 万人死亡。这证明，霍乱仍是灾难性的。所以说，人类在彻底征服霍乱及霍乱弧菌的道路上依旧任重道远，更需要人们的关注和努力。

◎▶斩断百日咳杆菌蔓延的魔爪

在寒冷的冬季，在医院的诊室里，常常有这样的小孩子。这些小孩子在生病之初有流泪、流涕、咳嗽、低热等症状，与普通感冒很难区别。但 3 ~ 4 天后咳嗽日见加重。一两周后，咳嗽逐渐加重，出现典型剧烈的痉挛性咳嗽。每次发作要连咳十几声甚至几十声，小孩子常咳得面红耳赤、涕泪交流、舌向外伸，最后咳出大量黏液，并由于大力吸气而出现犹如鸡鸣样吼声，如此一日发作几次乃至 30 ~ 40 次频繁的呛咳，眼睑和颜面布满针尖大小的出血点。这种情况在夜间尤其明显，并且年龄越小，病情越重。

这实际上就是百日咳的典型症状了。

百日咳，是由百日咳杆菌引起的急性呼吸道传染病，主要表现是咳嗽，病程可长达 100 天，所以又叫"百日咳"。百日咳通过飞沫传染，一年四季均可发生，但在冬、春季发病的最多。主要多发生在 2 岁以下的小孩子，新生儿也有患本病的可能，这是因为宝宝不能从母体得到相应的抗体。

百日咳杆菌是卵圆形短小杆菌，大小为（0.5 ~ 1.5）微米 ×（0.2 ~ 0.5）微米，属博尔代菌属，没有鞭毛和芽孢。革兰染色呈阴性。用甲苯胺蓝染色可见两极异染颗粒。专性需氧，初次分离培养时营养要求较高，需用马铃薯血液甘油琼脂培养基（即博—金氏培养基）才能生长。在 37℃ 经 2 ~ 3 天培养后，可以看到细小、圆形、光滑、凸起、银灰色、不透明的菌落，周围有模糊的溶血环。液体培养呈均匀混浊生长，并有少量黏性沉淀。

百日咳杆菌常发生光滑型到粗糙的相变异：Ⅰ相为光滑型，菌落光滑，有荚膜，毒力强；Ⅳ相为粗糙型，菌落粗糙，无荚膜，无毒力。Ⅱ、Ⅲ相为过渡相。一般在疾病急性期分离的细菌为Ⅰ相，疾病晚期和多次传代培养可出现Ⅱ、Ⅲ或Ⅳ相的变异。发生这种变异时，细菌形态、菌落、溶血性、抗原结构和致病力等均出现变异。

拓展阅读

腺苷酸环化酶

腺苷酸环化酶主要分布于细胞质膜、核膜和内质网膜上。它也是一种磷酸酶，能催化 ATP 形成 $3'$，$5'$－环磷酸腺苷（cAMP）并释放出焦磷酸。

百日咳杆菌含有耐热的菌体（O）抗原和不耐热的荚膜（K）抗原。前者为博尔代菌属共同抗原，后者仅存于百日咳杆菌。

百日咳杆菌的抵抗力非常弱。在温度56℃下持续30分钟或在日光照射下1小时就死亡。对多黏菌素、氯霉素、红霉素、氨苄青霉素等非常敏感，但对青霉素不敏感。

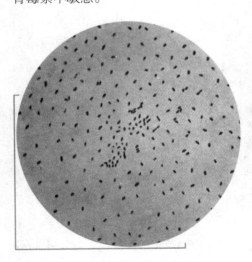

培养皿里的百日咳杆菌

百日咳杆菌的致病物质包括了荚膜、菌毛、毒素等。菌毛有利于菌体黏附，荚膜有抗吞噬作用。毒素主要包括5种：百日咳毒素、腺苷酸环化酶毒素、气管细胞毒素、皮肤坏死毒素以及丝状血凝素。

在百日咳杆菌中，与致病性有关的物质除荚膜、菌毛外，还有多种生物学活性因子。百日咳毒素是主要的致病因子，能诱发机体的持久免疫力，并有多种生物活性。如促进白细胞增多，抑制巨噬细胞功能，损伤呼吸道纤毛上皮细胞，导致阵发性痉挛咳嗽等。细菌破裂后还能在宿主细胞浆中查到一种热不稳定性毒素和其他几种抗原成分，可引起纤毛上皮细胞炎症和坏死。

百日咳杆菌引起人类百日咳。病人，尤其是症状轻微的非典型病人是重要的传染源。主要经飞沫传播。易感儿童接触病人后发病率接近90%，1岁以下患儿病死率高。

百日咳的潜伏期为1~2周。发病早期（卡他期）仅有轻度咳嗽。细菌此时在气管和支气管黏膜上大量繁殖并随飞沫排出，传染性最大。1~2周后出现阵发性痉挛性咳嗽（痉挛期），这时细菌释放毒素，导致黏膜上皮细胞纤毛运动失调，大量黏稠分泌物不能排出，刺激黏膜中的感受器产生强烈痉咳，呈现出特殊的高音调鸡鸣样吼声。形成的黏液栓子还能堵塞小支气管，导致肺不张和呼吸困难、紫绀。此外还可出现呕吐、惊厥等症状。4~6周后逐渐转入恢复期，阵咳减轻，趋向痊愈，但有1%~10%病人易继发溶血性链球菌、流感杆菌等的感染。

在致病过程中，百日咳杆菌始终在纤毛上皮细胞表面，并不入血。

感染百日咳后可出现多种特异性抗体，免疫力较为持久。仅少数病人可再次感染，再发的病情亦较轻。

布鲁塞尔

1906年，比利时细菌学家和免疫学家博尔代和让古发现了百日咳杆菌。因此，百日咳杆菌又称博尔代—让古杆菌。他们同时发明了百日咳杆菌菌苗。

博尔代，比利时微生物学家。1919年诺贝尔生理学和医学奖得主，1870年6月13日生于苏瓦尼，1961年4月6日卒于布鲁塞尔。

1892年，布鲁塞尔医科大学的高材生博尔代特获得了医学博士，同年在布鲁塞尔开始行医。在那个时候的比利时，谁会去请教这个"娃娃"大夫呢？他自己也有先见之明，于是就函请巴黎巴斯德研究所给予他一个职位。同时一面服务于母校附院，一面等待巴黎的音信。

2年后，博尔代终于如愿以偿，他进入了位于巴黎的巴斯德研究所工作。7年后，他又成了世界上研究细菌数一数二的权威专家。

如此之才寄居法国，比利时朝野深为遗憾。博尔代多次回国讲学，也有心留在祖国。

在比利时方面，举国上下为了争取博尔代回国，同心协力，根据他的理想在国内盖了一座与法国巴斯德研究所式样相同的学院。博尔代在巴黎看见报上刊载的消息时大为感动。

后来为修建这座学府，比利时全国各方面都捐款了，但距所需经费仍远，加之法国得知比利时修建学院有许多器材非向法国购置不可，就故意抬高售价。比利时国会最后决定：把一笔指定建造一艘驱逐舰的专款，全部拨充此用。博尔代遂返祖国，从1902年起，担任比利时布雷班研究院院长，后到布鲁塞尔大学，1907年成为布鲁塞尔大学教授。

博尔代的早期研究显示，人和动物的血清中有一种活性物质，被称为补体。这种物质在血液里起着中介的作用，是一组球蛋白，能扩大和补充机体的免疫应答。

广角镜

补　体

　　补体是存在于正常人和动物血清与组织液中的一组经活化后具有酶活性的蛋白质。早在19世纪末博尔代即证实，新鲜血液中含有一种不耐热的成分，可辅助和补充特异性抗体，介导免疫溶菌、溶血作用，故称为补体。补体是由30余种可溶性蛋白、膜结合性蛋白和补体受体组成的多分子系统，故称为补体系统。根据补体系统各成分的生物学功能，可将其分为补体固有成分、补体调控成分和补体受体。

1901年，连同让古一起发现了补体，创立了补体结合试验。1906年他们又一起发现了百日咳杆菌，被称为博尔代—让古杆菌。他还与德国细菌学家瓦色曼共同发现了检验梅毒的反应，称为博尔代—瓦色曼反应。

由于博尔代在免疫学上的重大发现，他获得了1919年诺贝尔生理学或医学奖，这是对他在补体结合方面的工作所给予的特别表彰。

博尔代一生获得许多荣誉。他是布鲁塞尔大学行政会的常务理事，曾出任比利时皇家学院、伦敦皇家协会、英国爱丁堡皇家学会、巴黎香港医学专科学院、美国国家科学院等许多学校和社会的荣誉职务。他还赢得了不少奖项，除了诺贝尔奖，1930年、1937年获比利时戴尔勋章，1938年获大克罗伊奖。他还是罗马尼亚、瑞典和卢森堡的荣誉市民。

博尔代于1899年结婚，有一子和二女，儿子保罗接替他的研究，成为布鲁塞尔的细菌学教授。博尔代于1961年4月6日去世，安葬在布鲁塞尔公墓。

1920年，博尔代写了一篇论述免疫学的文章《传染病的免疫疗法》。文章精湛地总结了当时有关该领域的全部知识。然而，对当时不断在丰富着的关于病毒的知识，博尔代却持顽固反对的态度，他拒不承认图尔特所发现的噬菌体实际上是生物，而在很长时间里坚持认为它们只不过是一些毒素而已。不过，总的来说，博尔代的成就还是巨大的。

博尔代和让古在研究中发现，百日咳杆菌含有对热不稳定物质，将其注入豚鼠和家兔腹腔或静脉中，能将动物杀死。如给皮下注射则产生皮肤坏死。有病的孩子临床表现以及百日咳菌苗的副作用等，均表明百日咳杆菌具有特殊的致病物质。

以后，许多学者从各个层面研究百日咳杆菌的致病物，又陆续发现该菌含有多种生物学活性物质，其中有些物质与治病作用密切相关。

近年来，日本、美国等许多学者已经研究制备百日咳无细胞菌苗代替全细胞菌苗，可显著减低全细胞菌苗的毒性反应。由于百日咳是一种常见的呼吸道感染病，所以应广泛地进行百日咳菌苗预防接种，一般新生儿生后3个月即可注射百日咳菌苗。由于百日咳菌苗的毒性反应使特异预防受到限制，应加速研制毒性低、免疫效果好的无细胞菌苗。

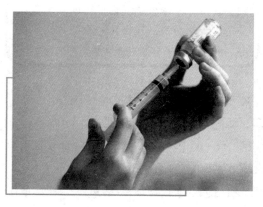

百日咳菌苗

在对付百日咳上，人类也积累了丰富的经验。如饮食要少吃多餐，不吃辛辣等带有刺激性的食物，保持室内的空气清新和一定的温度（20℃左右）及湿度（60%），避免烟尘刺激而诱发咳嗽等。

由于百日咳是传染性较强、病情顽固及并发症较严重的疾病，所以必须采取有效的措施进行预防。隔离患儿是预防百日咳流行的重要环节，隔离期从发病之日算起是 6 周。

接种疫苗，是预防百日咳的一个重要途径。对出生满 3 个月的孩子，要进行百白破（百日咳菌苗、白喉类毒素、破伤风类毒素）三联疫苗的预防接种。对没有进行过预防接种的体弱孩子，如已接触过百日咳的患病孩子，可注射丙种球蛋白，以增强机体的防御机能。对以前已经接受过预防接种的宝宝，可再注射一次百日咳疫苗，以促使产生抗体，加强其免疫力。

不过，百日咳预防接种和自然感染后均不能建立终身免疫，因此必须强调全程免疫，进行接种后再按规定加强。

▶ 葡萄球菌与青霉素

葡萄球菌属是一群革兰阳性球菌，因为常堆聚成葡萄串状，所以得名。一般来说，该菌属多数是不能导致疾病的，可导致疾病的只是少数。

葡萄球菌是最常见的化脓性球菌，是医院交叉感染的重要来源，该菌体为直径约 0.8 微米的小球形，在液体培养基的幼期培养中，常常处于分散状态。葡萄球菌无鞭毛，不能运动，无芽孢，

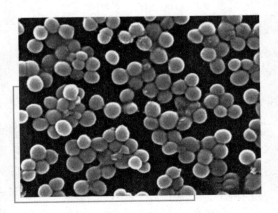

葡萄球菌

除少数菌株外一般不形成荚膜。葡萄球菌代表种有金黄色葡萄球菌（黄色）、白色葡萄球菌（白色）、柠檬色葡萄球菌（橙色）等。

葡萄球菌是科赫、巴斯德和奥格斯顿从脓液中发现的，但通过纯培养并进行详细研究的是罗森巴赫。

葡萄球菌的致病因素主要包括以下几个方面：

（1）血浆凝固酶。这是能使含有枸橼酸钠或肝素抗凝剂的人或兔血浆发生凝固的酶类物质，致病菌株多能产生，常作为鉴别葡萄球菌有无致病性的重要标志。

凝固酶和葡萄球菌的毒力关系密切。凝固酶阳性菌株进入机体后，使血液或血浆中的纤维蛋白沉积于菌体表面，阻碍体内吞噬细胞的吞噬，即使被吞噬后，也不易被杀死。同时，凝固酶集聚在菌体四周，亦能保护病菌不

拓展阅读

化脓性球菌

化脓球菌是一类能够感染人体并引起化脓性炎症的细菌。化脓性细菌对人体有致病性，常引起皮肤、皮下软组织、深部组织的化脓性感染乃至内脏器官的脓肿，也能引起脓毒血症。化脓性细菌种类较多，有球菌也有杆菌；有革兰阳性细菌也有革兰阴性细菌；有需氧菌、兼性厌氧菌也有厌氧菌。一般把对人类有致病性的化脓性细菌分为两大类：化脓性球菌和化脓性杆菌。化脓性细菌引起的感染在临床上有重要意义，常引起创伤感染和医院内感染中的化脓性感染。

受血清中杀菌物质的作用。葡萄球菌引起的感染易于局限化和形成血栓，与凝固酶的生成有关。

（2）葡萄球菌溶血素。一般来说，多数致病性葡萄球菌都能够产生溶血素。按抗原性不同，至少有 α、β、γ、δ、ε 五种，对人类有致病作用的主要是 α 溶血素。它是一种"攻击因子"，化学成分为蛋白质。如将 α-溶血素注入动物皮内，能引起皮肤坏死；如静脉注射，则导致动物迅速死亡。α-溶血素还能使小血管收缩，导致局部缺血和坏死，并能引起平滑肌痉挛。α-溶血素是一种外毒素，具有良好的抗原性。经甲醛处理可制成类毒素。

（3）杀白细胞素。该毒素能杀死人和兔的多形核粒细胞和巨噬细胞。此毒素有抗原性，不耐热，产生的抗体能阻止葡萄球菌感染的复发。

（4）肠毒素。从临床分离的金黄色葡萄球菌约 1/3 都能产生肠毒素，按抗原性和等电点等不同，葡萄球菌肠毒素分 A、B、C1、C2、C3、D、E 七个血清型，细菌能产生 1 型或 2 型以上的肠毒素。肠毒素可引起急性胃肠炎即食物中毒。与产毒菌株污染了牛奶、肉类、鱼、虾、蛋类等食品有关，在 20℃ 以上经 8～10 小时即可产生大量的肠毒素。肠毒素是一种可溶性蛋白质，耐热，经 100℃ 煮沸 30 分钟不被破坏，也不受胰蛋白酶的影响，故误食污染肠毒素的食

拓展阅读

肠毒素

　　引起葡萄球菌食物中毒的致病物质。肠毒素是蛋白质，溶于水，耐热（目前有一种大肠杆菌不耐热肠毒素新兴突变体），食品中的毒素不因加工而灭活。对蛋白酶有耐性，故在消化道中不断被破坏。此毒素还可引起猴、猫呕吐，可能是毒素作用于肠道神经受体后，刺激呕吐中枢所致。葡萄球菌肠毒素可用于生物战剂，其气雾剂吸入后造成多器官损伤，严重者可导致休克或死亡。

物后，在肠道作用于内脂神经受体，传入中枢，刺激呕吐中枢，引起呕吐，并产生急性胃肠炎症状。发病急，病程短，恢复快。一般潜伏期为 1～6 小时，出现头晕、呕吐、腹泻，发病 1～2 日可自行恢复，愈后良好。

（5）表皮溶解毒素。也称表皮剥脱毒素。它主要由噬菌体 II 型金葡萄产生的一种蛋白质，能引起人类或新生小鼠的表皮剥脱性病变。

（6）毒性休克综合毒素 I。它由噬菌体 I 群金黄色葡萄球菌产生，可引起发热，增加对内毒素的敏感性。增强毛细血管通透性，引起心血管紊乱而导致休克。

由葡萄球菌导致的疾病主要有两种类型：侵袭性疾病和毒性疾病。

侵袭性疾病主要引起化脓性炎症。葡萄球菌可通过多种途径侵入机体，导致皮肤或器官的多种感染，甚至败血症。

皮肤软组织感染主要有疖、痈、毛囊炎、脓疱疮、甲沟炎、麦粒肿、蜂窝组织炎、伤口化脓等。内脏器官感染如肺炎、脓胸、中耳炎、脑膜炎、心包炎、心内膜炎等，主要由金葡菌引起。全身感染如败血症、脓毒血症等，多由金葡菌引起，新生儿或机体防御可能严重受损时表皮葡萄球菌也可引起

严重败血症。

毒性疾病由金葡菌产生的有关外毒素引起。比如进食含肠毒素食物后 1~6 小时即可出现症状，如恶心、呕吐、腹痛、腹泻，大多数病人于数小时至 1 日内恢复。

烫伤样皮肤综合征多见于新生儿、幼儿和免疫功能低下的成人，开始有红斑，1~2 天表皮起皱，继而形成水疱，至表皮脱落。由表皮溶解毒素引起。

毒性休克综合征由综合征毒素引起，主要表现为高热、低血

广角镜

脑膜炎

脑膜炎是一种娇嫩的脑膜或脑脊膜（头骨与大脑之间的一层膜）被感染的疾病。此病通常伴有细菌或病毒感染身体任何一部分的并发症，比如耳部、窦或上呼吸道感染。细菌型脑膜炎是一种特别严重的疾病，需及时治疗。如果治疗不及时，可能会在数小时内死亡或造成永久性的脑损伤。病毒型脑膜炎则比较严重，但大多数人能完全恢复，少数遗留后遗症。

压、红斑皮疹伴脱屑、休克等，半数以上病人有呕吐、腹泻、肌痛、结膜及黏膜充血、肝肾功能损害等，偶尔有心脏受累的表现。

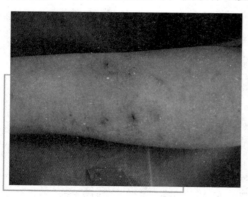

葡萄球菌导致的皮肤感染

假膜炎肠炎本质是一种菌群失调性肠炎，病理特点是肠黏膜被一层炎性假膜所覆盖，该假膜由炎性渗出物、肠黏膜坏死块和细菌组成。人群中 10%~15% 有少量金葡菌寄居于肠道，当优势菌如脆弱类杆菌、大肠杆菌等因抗菌药物的应用而被抑制或杀灭后，耐药的金葡菌就乘机繁殖而产生毒素，引起以腹泻为主的临床症状。

葡萄球菌的存在，对人类的生命造成了巨大的威胁。但是，在自然界中，葡萄球菌就有着天敌——霉菌。人类从认识霉菌并利用它征服葡萄球菌经历了一个曲折的过程。而在这一过程中，苏格兰的细菌学家弗莱明功不可没。不过，青霉素最早的发现者是法国人恩斯特·迪歇纳。

恩斯特·迪歇纳，法国军医，1874 年 5 月 3 日出生于巴黎，就读于里昂陆军卫生学校。从 1894 年开始研究细菌学，1896 年他发现霉菌和微生物的对立。他在潮湿食品上培养出青霉灰绿，放上大肠杆菌几小时后，发现细菌消失了。他相信能将此用于治疗。以此为博士论文在 1897 年获博士学位。但他没有公开发表，也没有继续研究下去。

1901 年他和罗莎结婚，两年后罗莎死于肺结核。1904 年迪歇纳也染上了肺结核，1907 年辞去军队职务被送往疗养院，这也导致他的研究未能顺利进行。他于 1912 年 4 月 12 日去世，并与妻子埋葬在一起。

虽然迪歇纳最早发现了青霉素，但他却被人们所遗忘，而将最早发现青霉素的桂冠戴在了弗莱明的头上。其原因是多方面的，或许我们只能用天意如此来解释。

弗莱明，英国细菌学家，他因发现青霉素，于 1945 年 12 月与英国医学家弗洛里和德国化学家钱恩共同荣获了诺贝尔医学和生理学奖。

1881 年，弗莱明生于英国北部的洛克菲尔德。这里工业发达，环境污染严重，肺炎、脑膜炎、支气管炎、猩红热等病猖獗蔓延，很多人被病魔夺去了生命。弗莱明从小立志，长大要当一名医生。在报考大学时，他没有报牛津、剑桥等名牌高等学府，而是报了伦敦的圣马利亚医院医

弗莱明

科学校。在大学里，他系统学习了免疫学等医学课程。毕业后，留在了圣马利亚医院从事免疫学的研究工作。第一次世界大战爆发后，他被征召入伍，成为一名战地军医。在战场上，由于卫生条件太差，缺乏必要的消毒手段，伤员的伤口不能及时包扎，细菌侵蚀伤口，造成伤员截肢。他看到，许多士兵没有死在战场上，却死在战地医院里，由于缺乏有效的抗菌药品，伤员伤

口溃烂问题没法解决。

大战结束后，弗莱明回到圣马利亚医院，从事免疫学和抗菌学的研究。医院为他配备了科研设备和助手。他和助手长年累月地进行观察试验。

1922年，弗莱明发现了溶菌霉。溶菌霉广泛地存在于人体各个部分分泌的黏液中。它能遏制细菌的生长。他在论文中指出，溶菌霉仅仅是人体自身调节时产生的一种内分泌物质，对人体无害，能够消灭某些细菌，但不幸的是在那些对人类特别有害的细菌面前却无能为力。这就是为什么人人体内都存在溶菌霉，然而在某些细菌侵袭面前仍然表现得无法抗拒的道理。

知识小链接

溶菌酶

溶菌酶又称胞壁质酶或 N－乙酰胞壁质聚糖水解酶，是一种能水解致病菌中黏多糖的碱性酶。主要通过破坏细胞壁中的 N－乙酰胞壁酸和 N－乙酰氨基葡糖之间的 $\beta-1,4$ 糖苷键，使细胞壁不溶性黏多糖分解成可溶性糖肽，导致细胞壁破裂内容物逸出而使细菌溶解。溶菌酶还可与带负电荷的病毒蛋白直接结合，与 DNA、RNA、脱辅基蛋白形成复盐，使病毒失活。因此，该酶具有抗菌、消炎、抗病毒等作用。

由于溶菌霉的发现，弗莱明逐步进入了英国医学界知名学者的行列。伦敦大学邀请他担任医学系细菌学教授，他愉快地接受聘请。大学生们非常爱听这位学识渊博的教授讲课，他绘声绘色的讲授，把学生们带入了一个肉眼看不见的世界。但是，伦敦大学还很难为他提供一套完备的实验设施，因此，在授课之余，他和助手的大部分时间，还是在圣马利亚医院的实验室里度过的。

1928年9月，弗莱明开始研究葡萄球菌，当时的研究条件很落后，实验室设在一间破旧的房子里，房内潮湿闷热，充满着灰尘。他做葡萄球菌平皿培养，实验过程中需要多次开启平皿盖，所以，培养物很容易受到污染。

有一次，他忘了把葡萄球菌培养物盖上，几天以后，他察看培养的细菌时，发现了一个新奇的现象：在平皿里，细菌繁殖很好，但在平皿口上积有灰尘的地方，生长出了蓝绿色的霉菌菌落，周围的葡萄球菌被溶化了，变成了清澈透明的水滴。

广角镜

弗莱明

英国细菌学家弗莱明，童年时就爱好探问事情的究竟，一次他跟母亲去医院探望一位病人，他见到医生就问一连串的问题，医生看他聪明伶俐，便回答了他提出的问题，最后说道："孩子，人类还没有详细研究过的病症多得很呢！"这句话给弗莱明留下了深刻印象，他暗暗下定决心，长大了要当医学家，专门对付那些没有研究过的病症。弗莱明长大后，果然攻读医学，大学毕业后，他进圣马利亚医院从事疫苗的治疗研究。"还没有详细研究过的病症"一直在他的脑海中想着。特别是其中的传染病症，期望能找到一种杀灭病原菌的方法。他在实验观察中偶然发现青霉素能杀葡萄球菌。从此人类的传染病症有药可救。

弗莱明把这些霉菌分离出来，这种霉菌同长在陈面包上的霉菌很相近。弗莱明判定，霉菌释放出的某种化合物至少抑制了细菌的生长，他为这种谁也不知道是什么的物质起了个名字叫青霉素。

弗莱明培养了这种霉菌，并在其周围培植各种不同类型的细菌。有些细菌长得不错，有的长到和霉菌达到一定距离时，就不再向前发展了。很明显，青霉素对有些病菌有影响，而对另一些则没有影响。他还在人体上进行青霉素治疗，也收到了良好的效果。

1929 年 6 月，弗莱明发表了第一篇关于青霉素的报告，但在当时却没有引起很大的反响。就这样，弗莱明的发现沉寂了整整 10 年。这 10 年中，他始终都没有放弃用青霉素治疗疾病的希望，为之做出了各种努力和尝试，但都不了了之。

1939 年，澳大利亚科学家弗罗里教授和他的同事钱恩毫无征兆地决定，根据弗莱明的发现，他们要开始探索青霉素的有效成分以及如何实现青霉素的批量生产。这项研究针对将青霉素真正用于临床治疗所面临的关键障碍，因此得到了弗莱明的热烈响应。他将自己保存的青霉菌株交给弗罗里，希望他们能完成自己的夙愿。

经过数年的艰苦努力，弗罗里教授和他的同事们不仅发明了一种高效培育青霉菌的方法，而且经过全球范围内的筛选，他们从一个发霉的哈密瓜上找到了最富产的青霉菌株。美国微生物学家安德鲁·摩耶再接再厉，基于他们的工作成果，终于实现了青霉素的批量生产。用于临床治疗的青霉素在技术上和经济上由此变为可能。"青霉素"终于不再是某些混合物的统称，而是有着自己明确分子式的一种神奇的化学药物了。

澳大利亚科学家弗罗里

青霉素对许多有害的微生物都有杀灭作用，它可有效地治疗猩红热、淋病、梅毒、白喉，以及脑膜炎、肺炎、败血症等许多疾病，使用的安全范围大，只有极少数患者对青霉素过敏。青霉素是先于其他抗生素而诞生的，对人类发明其他抗生素起了巨大的促进作用。

知识小链接

梅 毒

梅毒是由苍白（梅毒）螺旋体引起的慢性、系统性性传播疾病。绝大多数是通过性途径传播，临床上可表现为一期梅毒、二期梅毒、三期梅毒和潜伏梅毒。是《中华人民共和国传染病防治法》中列为乙类防治管理的病种。

随着青霉素有效成分研究的深入，它的秘密也被公诸天下。青霉素虽然疗效显著，但是其杀菌的机制并不复杂。人类之所以长久以来无法攻克细菌堡垒，完全归功于它们钢筋混凝土一般的肽聚糖"城墙"。肽聚糖"城墙"的"钢筋"是一根根的多糖，在多糖"钢筋"上，原本铆嵌着大量五肽链，当这个五肽链最后一环被打掉之后，变成四肽链，和另外一种叫作五肽交联的结构"焊接"在一起，这样，多糖"钢筋"和肽链一起，"浇铸"成一个坚韧的网络结构。

　　将多糖"钢筋"和肽链组合成肽聚糖是个复杂的过程，需要一系列的蛋白质分工合作。其中有一种特殊的蛋白质，专门负责将五肽交联和四肽侧链接合在一起。它的工作很简单，就是一旦认准了五肽链末端那一环，就一口将其咬下来，将剩下的肽链和邻近的肽链"焊接"在一起。虽然它的工作不是特别繁重，但是一刻都不能停息。因为细菌在自然界招摇过市的时候，这层肽聚糖会不断损耗，只有不断合成新的肽聚糖以修补维护，才能保证"城墙"始终扎实坚固。

　　而青霉素分子刚好有一部分，跟肽链上被咬的那一部分非常相似，这种蛋白质无法分清青霉素和肽链，照咬不误，结果蛋白质的"嘴"被青霉素塞得满满当当，进退两难。

　　青霉素越来越多，细菌体内这种蛋白质全都满嘴塞着青霉素，动弹不得，根本无法正常工

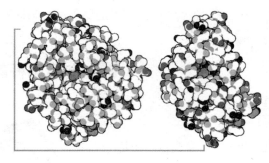

青霉素

作。失去了这些蛋白质的照料，细胞壁上的肽聚糖不能及时更新，整个细胞壁的正常维护工作无法顺利完成，这层坚韧的"城墙"就会渐渐消耗坍塌，最后细菌变成一座没有肽聚糖保护的"裸城"。失去了肽聚糖的机械支持和保护，柔弱的细菌在各种压力交攻之下，很快破裂死亡。

　　就这样，人类利用青霉素对细菌大开杀戒，势如破竹，将一座又一座细菌之城夷为平地。自青霉素问世以来，至少挽救了 8000 万人的生命。

　　随着科学家对青霉素研究的深入，许多同类药物相继问世，各种剂型的青霉素以及青霉素的同源药物头孢菌素迅速投入到征服细菌的战斗中去。在青霉素的启发下，科学家们发现细菌细胞壁的合成过程中，还有一系列同样重要的蛋白质。针对它们，又发明了万古霉素、杆菌肽、磷霉素、环丝氨酸等抗生素，分别影响肽聚糖合成的不同步骤，抑制其合成，从而起到杀菌的作用。

　　青霉素发明至今，已经过去了 80 多年。这期间，青霉素及其相关药物已

经多达上千种剂型。尽管青霉素之后，已经研制出大量别的抗菌药物，青霉素仍然作为最主要的一类抗菌药在临床上广泛使用。人类在和细菌的战斗中，取得了前所未有的辉煌胜利。细菌之城一片残垣断壁，青霉素居功至伟。弗莱明爵士、钱恩教授以及弗罗里教授于 1945 年被授予诺贝尔奖，表彰他们为人类开启了一个抗菌史上的新纪元，迎来了征服细菌道路上的黄金时代。

1969 年，美国军医署长威廉·斯图尔特向世界宣布，感染类疾病已被征服。

青霉素的历史漫长又曲折，像是一幕由黑暗走向光明，充满叹息和惊喜的长剧，它标志着人类正在走出几百万年来细菌一直投射在我们心头的恐怖阴影。

向麻风杆菌宣战

麻风，是一种慢性传染病，它的流行非常广泛，主要分布在亚洲、非洲和拉丁美洲。新中国成立前我国流行比较严重，估计约有 50 万例病人。新中国成立后明显减少，1996 年统计为 6200 余例，患病率为 0.0056‰。但由于麻风病在治愈后有 3.7% 的复发率，所以还应该给予重视。

麻风病的病原菌是麻风杆菌。在光学显微镜下完整的杆菌为直棒状或稍有弯曲，长 0.2～0.6 微米，没有鞭毛、芽孢或荚膜。非完整的可见短棒状、双球状、念珠状、颗粒状等形状。数量较多时有聚簇的特点，可形成球团状或束刷状。在电子显微镜下可观

广角镜

麻 风

麻风病是由麻风杆菌引起的一种慢性接触性传染病。主要侵犯人体皮肤和神经，如果不治疗可引起皮肤、神经、四肢和眼的进行性和永久性损害。麻风病的流行历史悠久，分布广泛，给流行区人民带来深重灾难。要控制和消灭麻风病，必须坚持"预防为主"的方针，贯彻"积极防治，控制传染"的原则，执行"边调查、边隔离、边治疗"的做法，积极发现和控制传染病源，切断传染途径，同时提高周围自然人群的免疫力，对流行地区的儿童、患者家属以及麻风菌素及结核菌素反应均为阴性的密切接触者给予卡介苗接种，或给予有效的化学药物进行预防性治疗。

察麻风杆菌新的结构。麻风杆菌抗酸染色为红色，革兰染色为阳性。离体后的麻风杆菌，在夏季日光照射 2～3 小时就会丧失其繁殖力，在 60℃ 处理 1 小时或紫外线照射 2 小时，就将失去生命力。煮沸、高压蒸汽、紫外线照射等都是杀死它的方法。

麻风病患者

麻风杆菌在病人体内分布比较广泛，主要见于皮肤、黏膜、周围神经、淋巴结、肝脾等网状内皮系统某些细胞内。在皮肤主要分布于神经末梢、巨噬细胞、平滑肌、毛带及血管壁等处。此外，骨髓、睾丸、肾上腺、眼前半部等处也是麻风杆菌容易侵犯和存在的部位，周围血液及横纹肌中也能发现少量的麻风杆菌。麻风杆菌主要通过破溃的皮肤和黏膜（主要是鼻黏膜）排出体外，在乳汁、泪液、精液及阴道分泌物中，也有麻风杆菌，但菌量很少。

现代的医学家根据机体的免疫状态、病理变化和临床表现等将麻风病患者分为两种类型：瘤型和结核型。少数患者处于两型之间的界线类和属非特异性炎症的未定类，这两类可向二型转化。

瘤型麻风患者的传染性很强，为开放性麻风。如果不治疗，将逐渐恶化，最终将侵犯到神经系统。该型患者的体液免疫正常，血清内有大量自身抗体。自身抗体和受损组织释放的抗原结合，形成免疫复合物，沉淀在皮肤或黏膜下，形成红斑和结节，称为麻风结节，是麻风的典型病灶。面部结节融合可能出现狮面状。

结核样型患者的细胞免疫正常。病变早期在小血管周围可见有淋巴细胞浸润，随病变发展有上皮样细胞和巨噬细胞浸润。细胞内很少见有麻风分枝杆菌。传染性小，属闭锁性麻风。病变都发生于皮肤和外周神经，不侵犯内脏。早期皮肤出现斑疹，周围神经由于细胞浸润变粗变硬，感觉功能障碍。

有些病变可能与迟发型超敏反应有关。该型稳定，极少演变为瘤型，所以也成为称良性麻风。

界线类兼有瘤型和结核型的特点，但程度可以不同，能向两型分化。病变部位可找到含菌的麻风细胞。

未定类属麻风病的前期病变，病灶中很少能找到麻风分枝杆菌。麻风菌素试验大多阳性，大多数病例最后转变为结核样型。

一般来说，麻风杆菌传染主要有两种方式：直接接触传染和间接接触传染。

直接接触传染这种方式是健康者与传染性麻风病人的直接接触，传染是通过含有麻风杆菌的皮肤或黏膜损害与有破损的健康人皮肤或黏膜的接触所致。这种传染情况最多见于和患者密切接触的家属。虽然接触的密切程度与感染发病有关，但这并不排除偶尔接触而传染的可能性。

间接接触传染这种方式是健康者与传染性麻风患者经过一定的传播媒介而受到传染。例如接触传染患者用过的衣物、被褥、毛巾、食具等。间接接触传染的可能性要比直接接触传染的可能性小，但也不可能忽视。

从理论上说，麻风菌无论通过皮肤、呼吸道、消化道等都有可能侵入人体而导致感染。近来有人强调呼吸道的传染方式，认为鼻黏膜是麻风菌的主要排出途径，鼻分泌物中的麻风菌在离体后仍能存活相当的时间，带菌的尘埃或飞沫可以进入健康人的呼吸道而致感染。也有人指出，以吮血虫为媒介可能造成麻风的传染。然而，对这些看法尚有争论。而且在麻风的流行病学方面还未能得到证实。

在 19 世纪之前，由于科学知识不普及和社会偏见，这种病又常常累及一个家庭中的多个成员，所以许多医生怀疑它可能是遗传性疾病，因此导致了人们对麻风病人心存恐惧、歧视和麻风病人的自卑心理。人们甚至将麻风病与一个人的德行关联，认为患病是因有罪而遭受的天罚。对于消除这种偏见，使人们正确认识麻风病，汉森作出很大的贡献。

格哈特·亨里克·阿莫尔·汉森，挪威医生，麻风杆菌的发现者，对麻风病的研究与防治作出贡献。

1841 年 7 月 29 日，汉森生于卑尔根，1912 年 2 月 12 日卒于弗卢勒。1859 年入克里斯蒂安尼亚大学学医。1866 年毕业，即在罗弗敦群岛一渔民社区行医。1868 年任职于卑尔根麻风病院。1870 年曾至波恩、维也纳等地调查研究。1875 年后任挪威麻风病防治机构的医官。1900 年他开始患心脏病，其后数年病情日趋加重，但还继续进行巡察工作。汉森曾被选为国际麻风病委员会的名誉主席。1900 年国际捐款在卑尔根修铸一座汉森的半身铜像。1912 年他至弗卢勒视察时因心脏病逝世。政府在卑尔根博物馆的大厅为他举行隆重葬礼。

格哈特·亨里克·阿莫尔·汉森（1841—1912）

19 世纪中叶，麻风病在挪威的发病率很高，当时卑尔根麻风病院是欧洲的麻风病研究中心。院长丹尼尔森与博克合作于 1847 年出版《论麻风病》，认为麻风病有遗传性，但不传染。

汉森从 1868 年就开始研究麻风病。当他检查了几个病例的病史后注意到，一旦家庭分裂或家庭成员分居，其他成员就不会患病。所以，他认为麻风病不可能是遗传病。

1873 年汉森通过大量的流行学调查和统计学的研究，认为麻风病是一种特异病原所致的疾病。他用原始的染色方法观察麻风病人的活体组织，最终发现杆状小体。

1879 年他用改进的染色法，首次观察到大量杆状小体聚集在麻风病人的组织细胞内，这就是麻风杆菌。这是人类历史上被较早发现的致病菌之一。汉森强调，事实上麻风病仅是细菌（病原体）导致的一种慢性传染病而已，并非是患者遭受的"天谴"。

后来，他又进行人工培养麻风杆菌的试验，又在人和动物体上进行麻风感染实验，但都没有成功。

他任医官期间，主张开展城市卫生建设。根据他的论点，1877 年挪威颁布《挪威麻风法案》，规定卫生当局有权命令麻风病人迁入特设的预防隔离区，这使挪威的麻风病患者自1875年的1752人减至1900年的577人。

另外，汉森在关于麻风病上还有许多论著，主要有《麻风病病因学调查》《论麻风病的病因》《麻风杆菌的研究》等。

然而由于当时人们对细菌性疾病的认识尚处于启蒙阶段，所以汉森的发现并未获得广泛重视。尔后随着整个细菌学的发展，更由于1879年得到德国学者奈瑟尔用抗酸染色法的反复证实，到19世纪末叶，汉森的发现才被公认，并命名这种杆状物质为"麻风杆菌"或"汉森杆菌"。

自从人类认识麻风杆菌后，就开始了征服它的道路，直到目前为止，治疗麻风病最好的方法莫过于早期、及时、足量、足程、规则的治疗，这样可使健康恢复较快，减少畸形残废及出现复发。为了减少耐药性的产生，现在主张数种有效的抗麻风化学药物联合治疗。

要控制和消灭麻风病，预防还是重中之重。发现和控制传染病源，切断传染途径，给予规则的药物治疗，同时提高周围自然人群的免疫力，才能有效地控制传染、消灭麻风病。

针对目前对麻风病的预防，缺少有效的预防疫苗和理想的预防药物。因此，在防治方法上要应用各种方法早期发现病人，对发现的病人，应及时给予规则的联合化学药物治疗。对流行地区的儿童、患者家属以及麻风菌素及结核菌素反应均为阴性的密切接触者，可给予卡介苗接种，或给予有效的化学药物进行预防性治疗。

科赫发现结核杆菌

1972年，我国考古工作者在湖南长沙的马王堆发掘了一座西汉古墓。这座深埋于地下深处的古墓，在层层密封的6层棺椁内，竟然还完整地保存着一具没有腐烂的女尸。医学工作者对这具2100年前埋葬的女尸进行了周密详尽的病理解剖，结果在肺组织中找到了清晰的肺结核的病变。

在非洲的埃及，很久很久之前有着一种风俗，他们把死去的统治者——法老的尸体，用贵重的香料和树胶紧紧封缠起来，然后放进金字塔里。由于香料的防腐和树胶的隔绝空气作用，尸体会干化成"木乃伊"而保存下来。就在这些古老的木乃伊骨骼上，医学工作者发现了结核病侵袭的痕迹！

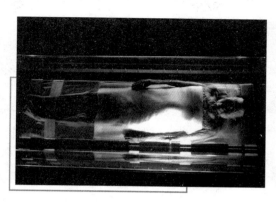

马王堆出土的女尸

　　这些事实告诉我们：自古以来结核病就是人类的大敌。在这漫长的岁月里，不知有多少人丧生于结核病。

　　结核病的病原菌是结核分枝杆菌，俗称结核杆菌，它可以侵犯全身各器官，但以肺结核为最多见。结核病至今仍为重要的传染病。估计世界人口中 1/3 感染结核分枝杆菌。据世界卫生组织（WHO）报道，每年约有 800 万新病例发生，至少有 300 万人死于该病。

　　结核分枝杆菌为细长略带弯曲的杆菌，大小（1～4）微米×0.4微米。分枝杆菌属的细菌细胞壁脂质含量较高，约占干重的 60%。

　　近年来，科学家们发现结核分枝杆菌在细胞壁外还有一层荚膜，它对结核分枝杆菌有一定的保护作用。

　　结核分枝杆菌可通过呼吸道、消化道或皮肤损伤侵入易感机体，引起多种组织器官的结核病，其中以通过呼吸道引起肺结核为最多。因为肠道中有大量正常菌群寄居，结核分枝杆菌必须通过竞争才能生存并和易感细胞黏附。而肺泡中没有正常菌群，结核分枝杆菌可通过飞沫微滴或含菌尘埃吸入，所以肺结核比较多见。

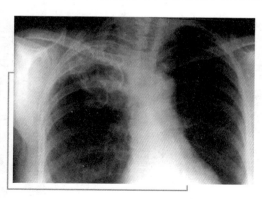

结核病患者胸部透视图

　　由于感染菌的毒力、数量、机体的免疫状态不同，肺结核可分为原发感染、原发后感染两类。

　　原发感染多发生于儿童。肺

泡中有大量巨噬细胞，少数活的结核分枝杆菌进入肺泡即被巨噬细胞吞噬。由于该菌有大量脂质，可抵抗溶菌酶而继续繁殖，使巨噬细胞遭受破坏，释放出的大量菌在肺泡内引起炎症，称为原发灶。初次感染的机体因缺乏特异性免疫，结核分枝杆菌常经淋巴管到达肺门淋巴结，引起肺门淋巴结肿大，称原发综合征。此时，可有少量结核分枝杆菌进入血液，向全身扩散，但不一定有明显症状。与此同时，灶内巨噬细胞将特异性抗原递呈给周围淋巴细胞。感染 4~5 周后，机体产生特异性细胞免疫，同时也出现超敏反应。病灶中结核分枝杆菌细胞壁磷脂，一方面刺激巨噬细胞转化为上皮样细胞，后者相互融合或经核分裂形成多核巨细胞（即朗罕巨细胞）；另一方面抑制蛋白酶对组织的溶解，使病灶组织溶解不完全，产生干酪样坏死，周围包着上皮样细胞，外有淋巴细胞、巨噬细胞和成纤维细胞，形成结核结节是结核的典型病理特征。感染后约 5% 可发展为活动性肺结核，其中少数患者因免疫低下，可经血和淋巴系统，播散至骨、关节、肾、脑膜及其他部位引起相应的结核病。90% 以上的原发感染形成纤维化或钙化，不治而愈，但病灶内常仍有一定量的结核分枝杆菌长期潜伏，不但能刺激机体产生免疫也可成为日后内源性感染的渊源。

原发后感染的病灶也以肺部为多见。病菌可以是外来的或原来潜伏在病灶内的。由于机体已有特异性细胞免疫，因此原发后感染的特点是病灶多局限，一般不累及邻近的淋巴结，被纤维素包围的干酪样坏死灶可钙化而痊愈。若干酪样结节破溃，排入邻近支气管，则可形成空洞并释放大量结核分枝杆菌至痰中。

另外，部分患者结核分枝杆菌可进入血液循环引起肺内、外播散，如脑、肾结核，进入消化道也可引起肠结核、结核性腹膜炎等。

由于结核病是悄悄地、在不知不觉中让人传染上的，同一家族中往往不止一个病人。所以，人们曾经以为它是一种遗传病。

广角镜

肾结核

泌尿系结核是继发于全身其他部位的结核病灶，其中最主要的是肾结核。在泌尿系结核中肾结核是最为常见、最先发生，以后由肾脏蔓延至整个泌尿系统。因此肾结核实际上具有代表着泌尿系结核的意义。

当然，也有人认为它很可能是一种传染病。但因为一直找不出病因，也就无法确证这一点，也无法给病人以有效治疗。

在征服结核病的道路上，德国细菌学家科赫迈出了重要的第一步。

1876年，在找到炭疽杆菌后，科赫把注意力集中到了结核病人身上。与此同时，世界上许多科学家已经做过或正在做这项工作。著名教授科恩海姆把结核病人的病肺碎屑放进兔子眼睛中，使兔子染上了结核病，解剖病兔后却没找到细菌。

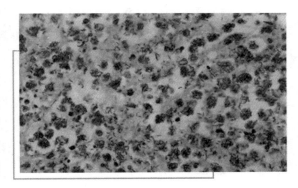

结核杆菌

科赫第一次找到的结核病患者是一位强壮有力的工人，才36岁。3周前，这个人还非常健康，忽然咳嗽起来了，胸部有点痛，渐渐消瘦下来。这个可怜的人住了4天医院就死了。科赫解剖时发现其体内每一个器官都是星罗棋布的灰黄色米粒样颗粒。科赫取出一些颗粒，用两把加热过的小刀将其轧碎，再注射到许多兔子的眼里和一群豚鼠的皮下。他在等待动物出现结核病症时，开始用最好的显微镜观察死者遗体的病组织。但是许多天过去了，科赫一无所得。

"如果有结核病菌的话，那一定是非常狡猾的家伙，不让我看到它的真面目。"科赫一面观察，一面自言自语。

"看来常规方法有些问题，得改进一下。"科赫准备用一种染色剂把组织染上颜色，这样或许可将这种微生物显露出来。科赫交替用褐、蓝、紫以及彩虹七色中大多数颜色给组织染色，每次染色后他总把双手仔细地浸在杀菌的二氯化汞中，以至两手变得又黑又皱。

无数次的染色、观察，科赫差不多快要失望了。"再试一下吧！"科赫自我鼓励着。终于在某一天的上午，科赫惊呼道："我找到它了！"这次如同往常一样，他把染料中的样品取了出来，放到透镜下，调节好显微镜的焦点，在灰色的朦胧中，一幅奇特的画面展现了出来——破损的病肺细胞中间，躺着一堆堆奇异的杆菌，杆菌呈蓝色，非常细小，还有些小弯曲。

"难怪不易找到，比炭疽杆菌小多了。不过长得还挺漂亮。"科赫抑制不住心中的喜悦，继续将这位工人遗体的许多部分的结核组织染上颜色，置于镜下观察，每次总能显示这些纤细弯曲的杆菌。

这时候，那些可怜的兔子和豚鼠也开始遭殃了。在笼子的角落里，豚鼠缩成一团，光滑的毛蓬松了，原先圆鼓鼓的小身体瘦成了皮包骨。兔子也不再跳来跳去了，发着烧，无精打采地看着新鲜的萝卜，一点食欲也没有。很快它们一只接一只地死去了。

科赫于是把兔子和豚鼠钉在解剖板上，极为小心地用消过毒的刀将它们切开。和那位工人一样，这些动物体内也有着许多灰黄色颗粒，科赫取出一些颗粒，浸在蓝色染料中，果然不出所料，显微镜下又一次看到那些熟悉的漂亮的弯曲杆菌。

"我终于抓住它们了，这些结核病的元凶！"科赫兴奋地将同事找来，指着显微镜说："你们快看，就是这些漂亮的小杆子。"

柏 林

科赫开始发疯般地穿梭于柏林各家医院的停尸房，寻找死于结核病的病人尸体，搜集各种有价值的病变组织，直到夜晚才回到自己的实验室。夜深人静，空荡荡的实验室只有豚鼠的吱吱怪叫声和急匆匆的奔跑声，听了使人毛骨悚然。科赫把白天取来的病变组织注射到几百只豚鼠、几十只兔子、3只狗、13只猫、10只鸡和12只鸽子身上。

一个星期又一个星期，科赫白天在停尸房，晚上在实验室，一天工作18个小时以上，那些小动物不断地死去，科赫一次又一次地证实这种小小的漂亮弯曲细菌的可怕作用。

"我要做成这些杆菌的纯菌落，单独培养后接种动物使它染病。"科赫想这样才能确切证明这种弯曲小杆菌是结核病的元凶。

科赫调好许多种味道不错、富有营养的汤汁。"人喜欢吃的牛肉汤，也许细菌也喜欢"，他想。他把牛肉汤做成冻胶后巧妙地再把病肺残渣放在上面，绝对不让它混上其他微生物。然后把这些试管放在室温、人体温度和发烧者温度下。忙完这些后，科赫像往常一样等待着结果。不过他失败了。科赫于是就寻找其他一些其他营养品供给这些细菌。

尽可能接近活的动物体的营养品自然是血液了。科赫到屠夫处要来了健康牛的淡黄色的血清，先仔细加热，将混杂在内的其他微生物消灭掉，然后灌进试管中去，斜斜地放在架子上，以便使冻胶面出现一个长平面，最后小心地抹上结核病患者的病组织。做完这些，科赫把这些试管放进了恒温的培养箱。

每天早晨，科赫来到实验室的第一件事就是从培养箱中拿出试管，贴近金丝边眼镜旁认真地看上一番，一连 10 多天，什么也没有发现。

其他微生物只要培养两三天就大量繁殖了，但 14 天了，结核杆菌仍无动静。科赫只好耐心地等待着。

到了 15 天早晨，科赫从培养箱中取出试管时，终于在血清冻的光滑面上看到了亮晶晶的微细斑点！科赫颤颤抖抖地拿出小透镜，一管一管地细看，这些闪光的斑点，扩大成了干燥的小片。科赫轻轻地挑出一点，放到了显微镜下，一看果然和那位死去的工人体内的小杆子一模一样。

科赫现在深信自己获得了成功。在向全世界宣布这一新闻之前，他想到还有一件事情要做。

他做了一个大箱子，放进了豚鼠、老鼠和兔子，接着从窗户中通进去一根导管，管口是个喷嘴，连续 3 天，每天半小时，用一只吹风器向箱子内喷射杆菌毒素。10 天后，3 只兔子透不过气了，25 天之内，豚鼠全部死于结核病。科赫的实验证明，结核杆菌可以附在空气微尘中向四处传播。

1882 年 3 月 24 日，在柏林的一间小房子中举行了一次生理学会会议，会上科赫宣布了他的研究结果，他不善言辞，声调也极为平常，拿论文稿纸的手在微微颤抖。他告诉人们，每 7 个死亡者中，有 1 人就死于此凶手。结核杆菌是一种最为狠毒的人类敌人，这种纤弱的微生物隐匿在何处以及它们的毒力和弱点如何……

科赫的发现，当晚就从这间小房子中传了出来，第二天世界上许多地方的报纸刊登了这个消息。科赫的发现震动了世界，许多医生从各地赶往柏林，向科赫学习寻找结核杆菌的方法。

为了表彰科赫的贡献，德国皇帝亲手授给他有星的皇冠勋章，此时，他头上仍戴着那顶乡气很足的旧帽子。他说："我不过尽我所能罢了……如果我的成功有胜人之处……原因是我在踯躅医学领域时，遇上了一个遍地黄金的地方……而这并不是什么大的功绩。"

第二步是德国医学家贝林跨出的。

贝林在抗毒素血清治疗，特别是运用血清治疗法防治白喉和破伤风等病症方面有过出色的功绩。为此，他获得了1901年的诺贝尔生理学或医学奖，这是这一领域里首次颁发的诺贝尔奖。不幸的是，刚满50岁的贝林因劳累过度，染上了肺结核病。这种病在当时就如同今天的癌症一样，被视为是一种绝症。

知识小链接

诺贝尔奖

诺贝尔奖是以瑞典著名的化学家、硝化甘油炸药的发明人阿尔弗雷德·贝恩哈德·诺贝尔的部分遗产（3100万瑞典克朗）作为基金创立的。诺贝尔奖分设物理、化学、生理或医学、文学、和平五个奖项，以基金每年的利息或投资收益授予前一年世界上在这些领域对人类做出了重大贡献的人，1901年首次颁发。诺贝尔奖包括金质奖章、证书和奖金。1968年，在瑞典国家银行成立三百周年之际，该银行捐出大额资金给诺贝尔基金，增设"瑞典国家银行纪念诺贝尔经济科学奖"，1969年首次颁发，人们习惯上称这个额外的奖项为诺贝尔经济学奖。

然而，贝林并没有卧床休息，他又开始研究结核病了。他想把自己生命的最后时刻，用来征服这个千百年来一直折磨着人类的恶魔。不久，研究工作就有了进展，贝林发明的牛结核菌苗，效果良好，各国纷纷采用。可他体内的结核菌加快了它们的进攻，1917年3月31日，贝林因结核病而去世。全世界为失去这位伟大的学者而感到无比的悲痛和惋惜：他研究结核病已到了关键时刻，人们原寄希望于他取得重大突破的。

◖ 卡密特的贡献

贝林去世后不久，人类找到了杀死结核杆菌治疗结核病的方法，这被认为是征服它的第三个里程碑。其中，卡密特起了重大的作用。

艾伯特·卡密特于 1863 年 7 月 12 日出生于法国尼斯。他在少年时期曾立志成为一位航行大海的水手，但在 13 岁那年就读海军学校前夕，因患了一场严重的伤寒病，而无法入学报到。也许就是因为这场重病，使得他改变心意，想成为一位对抗疾病与救人的医生。

在 18 岁那年，他终于如愿进入位于法国布瑞斯特的海军医事军团学习与接受训练。2 年后，因为当时的越南仍受法国统治，他便以海军舰队助理医生的身份被派往远东服务。就在这段期间，他遇见了曼森医师。曼森医师是一位研究以蚊子为传染媒介的丝虫病专家，他首先发现丝虫各阶段幼虫在人体内的生活史，以及如何造成人类的象皮病。卡密特在曼森医师的指导下，研究蚊虫如何传递丝虫的幼虫到新的病人身上。

1885 年，卡密特回到法国，并以一篇研究丝虫病的博士论文获得巴黎大学医学博士学位。此时卡密特已下定决心，想更进一步研究其他热带疾病的致病机制。

1886 年，卡密特被派往非洲法属刚果的加彭，担任殖民地的外科医师。在非洲，他持续研究热带传染病，并发表了多篇学术论文。其中一篇研究非洲昏睡病的论文，探讨了该病对中枢神经系统所产生的组织上的变化。

1887 年，卡密特回到法国，与埃米莉·莎莉结婚成家。但不久他又被派赴位在大西洋纽芬兰南方的圣皮尔瑞与米魁隆两个岛屿，照顾当地大约 6000 位居民（大多为渔夫）的健康。就在这段期间，他阅读到一篇刊登在巴斯德研究所学刊上有关培养细菌的论文，于是他按照论文上所叙述的方法，自行尝试分离细菌。

卡密特所选取的对象是当地的腌鳕鱼，这种腌制品常被一种细菌污染而产生红斑，因而质量降低，甚至无法销售。他按照文章上所叙述的方法成功地分离出这种造成红斑的细菌，他还发现这种细菌会产生一种具有抵抗力的内孢子。此外，他也证实这种细菌的来源，是由于使用了来自卡迪兹的进口海盐。他还发现在腌渍鳕鱼的卤汁中，只要加入亚硫酸钠，便可以有效地抑制内孢子的萌发并防止红斑的产生。他的发现大大改善了当地的鱼类制品的质量。

卡密特

1890 年，法国成立了"殖民地健康事务部"，卡密特决定申请到这个新单位服务。他回到巴黎之后，先参加了一个由巴斯德研究所举办的"微生物学技术训练课程"。课程是由该研究所两位知名学者伊密·鲁克斯与伊莱·梅塔尼可夫共同主持的。在这个课程中，卡密特见到了他仰慕已久的巴斯德本人，而巴斯德也对卡密特在圣皮尔瑞与米魁隆岛屿所做的鳕鱼红斑细菌的研究有非常深刻的印象。

1891 年 4 月 1 日，"殖民地健康事务部"在越南的西贡市（现为胡志明市）设立了一个研究实验室。在巴斯德的推荐下，卡密特被任命为这个实验室的主任。这个实验室成立后不久，便改名为西贡巴斯德研究所。

在西贡期间（1891—1893），卡密特展现出了他高度的协调与领导能力。为了配合当地的热带气候与传染病特色，他把实验室的研究主题，专注在探讨当地居民常患的传染疫病上。其中的早期代表作，便是改良了狂犬病抗血清的制造方法。狂犬病的预防需要注射疫苗，而疫苗的制造通常是把狂犬病的病毒注射到兔子身上，再从患病的兔子脊髓液中提炼出减毒的病毒，再次注射到另一只新的兔子身上，重复多次便可以得到安全的减毒病毒，作为疫苗使用。然而兔子脊髓来源有限，因此使得疫苗非常昂贵且稀少。卡密特发明了把兔子脊髓浸泡在甘油中，可以长久保存脊髓的疫苗活性，使得疫苗的生产成本大为降低。他的发明，立刻受到各界的重视与采用。

此外，卡密特还发现当地居民的天花罹患率非常高，因此他开始利用当地的牛只进行天花疫苗的研究。他发现在年轻的水牛皮肤上接种天花病毒，可以生产出非常高单位的疫苗。这项研究成果使天花疫苗的生产效率大为提升，之后的 2 年内，约有 50 万的中南半岛居民接种了天花疫苗。这段时间，精力无穷的卡密特还研究了当地极为流行的痢疾与霍乱。

卡密特也对当地的习俗非常有兴趣，他观察到当地人酿造米酒时，只加入一种"中国酵母"即可完成米酒的酿制，而不必先将米中的淀粉转化成富含糖分的汁液。他成功地从这种"中国酵母"中分离出一株酵母菌，可以直接利用淀粉来发酵产制米酒。后来这株酵母菌成为法国酿酒工业上的一株重要菌种。

越南盛产眼镜蛇，被眼镜蛇咬伤的病人，必须立刻注射抗蛇毒血清。卡密特也对眼镜蛇蛇毒产生兴趣，他研究蛇毒所造成的病理反应，以及各种治疗方法。根据当时一位名叫拉色达的学者在南美洲的研究发现，过锰酸钾可以中和蛇毒，但是一旦蛇毒从伤口扩散到组织内，则亦无能为力了。卡密特则发现 1% 的氯化金可以防止蛇毒发作，但是最有效的治疗，仍是注射抗蛇毒血清。

事实上，先前几年，法国巴斯德研究所的鲁克斯以及叶尔辛两人已发现白喉菌所分泌的外毒素，是导致白喉症状的主要因素，接下来范贝林以及北里柴三郎也发现了利用免疫的方法来防治白喉与破伤风毒素所造成的伤害。这些发现使得卡密特受到很大的鼓舞，因为他心中已逐渐明白，免疫血清是对抗眼镜蛇蛇毒的最有效方法。

他尝试将实验动物注射蛇毒免疫，以及利用这些动物来制造蛇毒免疫血清。他试验了许多方法，例如仿照巴斯德制造狂犬病疫苗的程序，将蛇毒连续接种到动物身上，希望能获得适合作为疫苗的减毒疫苗。又例如将蛇毒加热处理，以及添加氯化金至蛇毒疫苗中，来改进疫苗效果。然而经过 2 年的努力，卡密特并没有成功。由于工作压力太大，耗尽了他的精力，他这时又感染上严重的痢疾，终于被遣调回法国。

虽然在这段时间卡密特制造眼镜蛇毒血清的工作并没有完全成功，但是在他的领导之下，西贡巴斯德研究所已成为世界研究细菌学的一个重镇。直至今日，该研究所仍竖立着一座当时建造的卡密特半身纪念铜像。

卡密特回到巴黎之后，进入巴斯德研究所鲁克斯的实验室，继续研究抗蛇毒血清。在1894年，他终于成功地开发出可以对抗眼镜蛇蛇毒的血清。接着他又研究其他的毒蛇蛇毒，包括欧洲蝮蛇、澳洲虎蛇，以及一种黑毒蛇。

蝮　蛇

1894年6月，香港暴发了鼠疫。叶尔辛立刻动身前往香港进行研究，并成功地分离出致病的鼠疫杆菌。叶尔辛将这株鼠疫杆菌送达鲁克斯的实验室，卡密特与一位同事波瑞尔立刻进行抗鼠疫疫苗的研究。不久，叶尔辛从香港归来之后，也加入卡密特团队，共同研究抗鼠疫血清。他们发现将鼠疫杆菌加热到58℃减毒之后，再注射到天竺鼠与兔子体内，便可以使动物产生抗毒血清。他们还发现，将活菌注射到马匹体内所产生的抗毒血清，即使存放了6个月之后，仍然可以有效地保护受测试的动物。在1896年中国暴发的鼠疫事件中，叶尔辛将这项研究成果用来测试抗鼠疫毒素血清人体治疗的可行性。

法国于1895年在里尔设立了另一个巴斯德研究所分所，在巴斯德的推荐下，卡密特被任命为这个研究分所的首任所长。虽然有点不愿意离开巴黎，但他仍与妻子动身前往里尔，并在那里担任了20余年的所长，直到1919年德国占领了里尔，才又回到巴黎。

在里尔，卡密特仍继续研究蛇毒。1895年年底，他首先用马血清来治疗被毒蛇咬伤的病人。次年，他应邀到英国伦敦的医师与外科医生皇家学院，演讲与示范如何用抗蛇毒血清来治疗被毒蛇咬伤的病人。他的示范，革命性地改变了人类治疗毒蛇咬伤的传统方法。

1897年，一位兽医微生物学家——介伦成为卡密特的研究伙伴。他们共同研究天花疫苗在牛只身上继代培养，而导致疫苗质量逐渐劣化的问题，结果发现原来是受到牛只身上杂菌污染而产生的稀释效应所造成的。

他们还发现兔子对牛痘病毒很敏感，因此开发出一种生产牛痘疫苗的替代方法。

卡密特也十分关注公共卫生，他大力提倡及改善社会卫生问题。在他到任里尔巴斯德研究所的次年（1896年），便开设了"细菌学"与"实验治疗学"的课程。他研究肆虐法国北部矿工的钩虫病及其引发的贫血症。在一位名叫布瑞堂的研究员协助下，他研究这种寄生虫如何传染并设计出一套预防感染的方法，包括公众卫生教育。他还关心都市与工业污水的处理，以及水源污染问题，他曾经亲自到英格兰考察一座污水纯化工厂。在研究人员的协助之下，卡密特在里尔附近建立了法国第一座以细菌床来处理污水的工厂。

晚年的卡密特，虽然已经誉满全球，但他仍然热爱研究工作。他又重新回到眼镜蛇蛇毒的研究主题，他尝试利用蛇毒来治疗小鼠癌症。

在去世前两年，他回顾一生，写了一封信给他的子女，他说："我希望能有机会一直工作到合眼为止，清楚地知道我这一生已经尽其所力，我的灵魂才得以安息。"当然，他实现了这个愿望。卡密特在1933年10月29日去世于巴黎，而他的科学研究也一直持续到最后一分一秒。他所留给人类的宝贵遗产，不仅是那救人无数的卡介苗，同时他热爱工作、高贵无私的情操，也分外令人感佩与怀念。

▶ 卡介苗的发明

卡密特在里尔期间所做出的最重要贡献，就是研究结核病以及开发出卡介苗。在当时，结核病是人类重要的传染病，所造成的生命健康损害与经济上的损失非常巨大。光是在22万人口的里尔市，就有超6000人罹患结核病。而这6000余人的病患中，每年又有1000～1200人死亡。其中婴儿的死亡率竟高达43％。因此卡密特全心投入对抗结核病的研究与疫苗的开发，前后共达30余年。他设立了欧洲大陆第一所结核病诊所，为那些无法到结核病疗养院治疗的病人做早期诊断，以及提供卫生教育信息，以减少家人间的相互感染。

这间诊所除了为病人提供医疗协助外，还供应食物、洗衣、躺椅等设施，以方便病人家属。

1903 年，范贝林提出年纪病人可从消化道感染结核菌。卡密特和介伦立刻进行实验来验证此说法，结果他们发现幼牛果然可以经由吞食而感染结核菌。而且若吞食一种人类轻微型的结核菌，康复后可以得到免疫的效果，之后便可以对抗毒性较强的结核菌了。卡密特还发现，若将结核菌加热处理后，仍然可以作为效果不错的疫苗。此外，他还发现胆汁可以弱化结核菌的毒性。他坚信可以利用弱化后的活菌来作为疫苗。

广角镜

卡介苗

卡介苗是一种用来预防儿童结核病的预防接种疫苗。接种后可使儿童产生对结核病的特殊抵抗力。由于这一疫苗是由两位法国学者卡密特与介伦发明的，为了纪念发明者，将这一预防结核病的疫苗定名为"卡介苗"。目前，世界上多数国家都已将卡介苗列为计划免疫必须接种的疫苗之一。卡介苗接种的主要对象是新生婴幼儿，接种后可预防发生儿童结核病，特别是能防止那些严重类型的结核病，如结核性脑膜炎。

范贝林

然而就在此关键时刻（1915 年），里尔沦陷在德国军队之手，不但他的研究工作被迫中断，而且他的妻子与其他 24 位妇女也被德军拘留作为人质。卡密特只好利用这段无法做实验的时间，将他数年来的研究结果写成一篇专题论文，之后在 1920 年发表。这篇论文是人类结核病研究史上的经典之作，也代表了人类对抗结核病的一个重要里程碑。

1917 年，卡密特被任命为巴黎巴斯德研究所的副所长。当时里尔仍在德军占领之下，卡密特经过重重困难，才辗转回到巴黎。这时另两位科学家奈格与伯盖也加入卡密特与介伦的团队，共同研究开发对抗结核病的疫苗。

知识小链接

结核菌

　　结核菌又称结核分枝杆菌，俗称结核杆菌，是引起结核病的病原菌。可侵犯全身各器官，但以肺结核为最多见。新中国成立前，我国结核病死亡率居各种疾病之首。新中国成立后，人民生活水平提高，卫生状态改善，特别是开展了群防群治，儿童普遍接种卡介苗，结核病的发病率和死亡率大为降低。但应注意，世界上有些地区因艾滋病、吸毒、免疫抑制剂的应用、酗酒和贫困等，发病率又有上升趋势。

　　一天下午，卡密特和介伦来到巴黎近郊的马波泰农场散步，两人边走边谈："奇怪，琴纳在牛身上能取得牛痘疫苗的成功，可我们将结核病菌在羊身上试验却遭失败，为什么？"

　　"是不是我们分离提取的结核病菌有问题？"

　　"不会吧？我看我们还是从别处找找原因。"不知不觉，两人走到农场主马波泰面前。两人见眼前并不贫瘠的土地上生长的玉米叶子枯黄、穗粒尤小，便问这是什么原因造成的。

　　马波泰回答："这种玉米引种到这里已经十几代了，有些退化了。"

　　"什么？退化！"卡密特、介伦几乎异口同声地重复"退化"这词。

　　"是的，退化了，一代不如一代了。"马波泰无奈地说。

　　卡密特和介伦由此敏捷地联想到：如果把毒性很强的结核病菌，一代接着一代地定向培育下去，它的毒性是否也会退化呢？而这种毒性退化了的结核病菌，作为疫苗注射到人体中去，不就可以使人体产生抗体，从而获得结核病的免疫力了吗？于是，两人便匆匆返回自己的实验室，埋头于结核病菌的定向培育实验。

　　经过深入的研究与动物实验，他们终于制成了一个称为 BCG 的疫苗，也就是我们现今通称的卡介苗（名中的"卡"与"介"分别代表卡密特与介伦的缩写）。这个疫苗是利用科赫首先分离出的牛结核菌来制造的。他们将此菌接种在含有胆汁的营养液中培养，每 3 周便重新接种到新的培养基中。经过 13 年的反复接种，细菌的毒性逐渐降低，但仍保留了激发动物产生免疫的能力。由于牛结核菌与人类结核菌在遗传上血缘关系很接近，因此制造出来的疫苗不但可使动物免疫，同时对于人类结核病也有效。

1921 年 5 月，卡密特和介伦将这种结核菌苗第一次应用于人类。被接种者是一位身受结核病严重危害的婴儿，其母亲在月子里死于肺结核，孩子只好给患严重肺结核的祖母抚养。医生把 10 毫克结核菌苗藏于乳汁内喂食，两天 1 次，共服 3 次，结果增强了孩子对结核病的抵抗力。

当时的巴斯德研究所所长鲁克斯对这个疫苗留下深刻的印象，他认为这个疫苗是未来对抗结核病的有力武器。鲁克斯于是说服当局，在巴斯德研究所内建造了一栋五层楼的建筑物，作为研究结核病之用，这栋楼房是完全由卡密特来设计的。1931 年，这栋建筑物落成时，单单法国一地，每年就有超过 10 万个新生婴儿接种卡介苗。卡介苗也广为世界各国所采用。卡密特在结核病的免疫防治上，终于建立了不朽的地位。

卡介苗的曲折之路

然而，卡介苗的开发与使用并非一帆风顺，也曾发生过意外事件及争论。

1929 年，德国吕伯克城的市立医院，发生了一起不幸事件，240 名新生儿在服用了这家医院自制的卡介苗菌苗后，大多数的新生儿得了结核病，其中有 72 名死亡，世界震惊了。卡介苗本来可以使人体产生对结核病的免疫力，结果却招来祸患，没病找病了。

这到底是怎么回事呢？经过认真调查，才真相大白。这家医院的院长出于好意，从巴黎引进了卡介苗的菌种，在医院里制造菌苗。但由于工作人员的粗心大意，误将一株毒力很强的结核菌混入其中，因而造成惨痛后果，使人们对卡介苗的安全问题产生了怀疑，曾一度阻碍了卡介苗在欧洲的推广和使用。

经过查实，这家医院确实曾经保存过一株毒力很强的结核菌，它能发出一种特殊的荧光色素，与一般卡介苗菌种显然不同，这才为卡介苗恢复了名誉。蒙受了十多年不白之冤的卡介苗，重新受到人们的重视。接种卡介苗后，人体内可产生对结核杆菌的特异免疫力，结核病发病率大幅度降低，一般发病率可减少 80% ~ 90%。通常接种 1 次，对结核杆菌的免疫力可维持在 3 ~ 4 年。现在，婴幼儿普遍接种卡介苗，使结核性脑膜炎和急性粟粒性肺结核的发病率明显降低。

最初的卡介苗是口服疫苗，后来经过奈格及佩特的改进，制成注射型疫苗。现在世界各地大多数的婴儿，都会在出生后不久接种一剂卡介苗，用来预防肺结核，而接种部位的皮肤上也会留下一个轻微的痂痕。在人类医疗史上，卡介苗对于保护人类健康具有相当大的贡献。

在 21 世纪的今天，结核病卷土重来，尤其是具备抗药性的变种结核菌，已经成为人类健康的一大隐忧。1995 年，全世界有 750 万人感染结核病。根据估计，每年有 300 万人死于结核病。无药物治疗的结核病人死亡率可高达 55%，而施以药物控制的病人死亡率也达到 15%。

既然人类接种卡介苗已有数十年的历史，为什么结核病至今仍然如此盛行呢？其中的一个理由是卡介苗本身有严重的缺失，它的免疫效果常常因人而异。例如有些科学家发现，实验动物天竺鼠接种卡介苗后，减毒细菌可在各个组织中繁殖数个月。但是卡密特当时开发卡介苗时，并没有连续检查天竺鼠数个月。同时在统计免疫效果时，卡密特的解释也不够严谨。一般而言，卡介苗在特定的环境下，对特定人群是具有功效的，但它的整体功效却被过度夸大了。

其次，卡介苗比较容易受到污染也是一个问题，德国吕伯克城事件就是一个殷鉴。因此在制作疫苗时，必须特别小心。此外，卡介苗也会造成接种者产生一些副作用。例如天竺鼠接种后会产生淋巴系统的毛病，但是卡密特宣称这种毛病在几个星期内会自动痊愈。近年来有关注射卡介苗后产生副作用的报道也相当多，例如，导致结核菌脑膜炎的概率增加，并发症提高 10 倍，印度南部儿童接种后的头 5 年结核病例反而增多。甚至有报道指出，接种卡介苗之后，反而有利于结核病菌的侵袭。

其实最基本的关键就在于，卡介苗本身不是一个百分之百有效的疫苗。减毒结核菌体表的脂多糖类是主要的抗原，它可诱导体内产生细胞免疫及体液免疫，而产生的抗体则以 IgM 型为主。但是一个好的有效疫苗，不但应该产生充足的细胞免疫及体液免疫，同时抗体也应该以 IgG 型为主。通常当抗原是蛋白质时，所产生的免疫抗体是以 IgG 型为主，且免疫效果最佳。但由于卡介苗中的减毒结核菌体表含有大量的脂多糖类，掩盖了体表蛋白质，因此所产生的免疫效果就受到限制了。

细胞免疫

T 细胞受到抗原刺激后，增殖、分化、转化为致敏 T 细胞（也叫效应 T 细胞），当相同抗原再次进入机体的细胞中时，致敏 T 细胞对抗原的直接杀伤作用及致敏 T 细胞所释放的细胞因子的协同杀伤作用，统称为细胞免疫。

20 世纪 50 年代，全世界各国卫生组织在政治考虑大于科学考虑之下，强制施打卡介苗来预防结核病。而近几十年来人类在免疫学上的进展，在结核病疫苗的改进上并没有受到该有的重视。结核病是一个极为复杂而棘手的疾病，它不仅不易找到合适的抗生素来治疗，而且免疫预防也受到许多外在因素的影响，例如环境、社会经济等。以美国而言，它是世界卫生的先进大国，其国民卫生保健一向较佳，但基于上述的种种因素，并没有对其国民普遍施打卡介苗，目前只有针对一些高风险的民众进行接种，如经常接触呼吸疾病的医护人员或是经常感染肺部疾病的病人。世界卫生组织（WHO），则仍然建议发展中国家，对其民众作早期的施打预防。

近代科学家也发现，结核菌所属的分枝杆菌类造成感染后，往往会增强宿主对其他微生物的免疫抵抗力、强化宿主的白细胞吞噬作用、抑制移植肿瘤细胞的生长，以及增加对移植器官的排斥作用。这些发现让科学家们认为可以尝试利用卡介苗来做一些疾病的免疫治疗。

早在 1972 年，斯巴等人便发现接种卡介苗可以抑制天竺鼠的肿瘤生长及癌细胞的转移，之后他们还进一步发现卡介苗可以诱导天竺鼠对肿瘤产生一种延迟性的免疫效果。近年来也有许多研究指出，卡介苗确实可以抑制人类原位性的膀胱癌。虽然卡介苗抑制癌细胞的作用机制尚不完全明了，有待生物医学家做更深入的研究，但是这些临床发现已经引起医学界与生物科技学家的高度重视，也为人类对抗癌症开启了另一道曙光。

回顾卡介苗的研发经过与医疗应用上的历史，可以发现它是漫长而蜿蜒的。当卡密特最初在研发对抗结核病的卡介苗时，他恐怕从来没有预料到，有朝一日卡介苗竟可能应用到对抗人类的癌症上吧！在今日，卡介苗的用途似乎已经远远超出卡密特以及那个时代科学家们的想象之外，它已经赋予了自己一个"新生命"，并走出一条属于它自己的道路了。

知识小链接

膀胱癌

　　膀胱癌是指膀胱内细胞的恶性过度生长。最常见的过度生长位于膀胱腔内，也就是膀胱的黏膜上皮。人体内，空腔脏器的表面通常由上皮细胞构成。例如脸颊内侧、胃、肠子、胆囊，也包括膀胱均是由一层上皮细胞组成的。每个脏器都有它自己的一类上皮细胞。膀胱的黏膜上皮细胞称作尿路上皮细胞，由它生成的癌就称作尿路上皮癌，占到了所有膀胱癌的90%～95%，是最常见的一类膀胱癌。其他不太常见的膀胱癌有鳞状细胞癌和腺癌。

▶ 抗击结核病的勇士——王良

　　王良，1891年5月5日出生于四川成都。他9岁的时候父亲去世，从此家境一天不如一天。母亲带着他和患病的哥哥、妹妹借住舅父家，靠变卖家产度日。

　　王良读过私塾，为了谋生，他向人学了一年法语。同年他与人结伴步行去昆明做工。1908年，经昆明法国教会介绍，王良考取法国人办的安南（今越南）河内医学院。1913年，王良从河内医学院毕业回国后，得知哥哥和妹妹先后死于肺结核病，他非常悲痛，深感结核病对人民健康危害之大，于是立志献身于防痨事业。后来，王良在成都平安桥医院和重庆法国仁爱堂医院工作，并在重庆金汤街自设实验室开展对结核病的研究和防治。

　　1925年，他得知法国科学家发明的卡介苗能有效地预防结核病，于是计划到法国巴黎巴斯德研究所学习制造卡介苗。不料就在他筹资出国的时候，德国吕贝克城发生了卡介苗接种事故，240名口服卡介苗的儿童中有72人丧生。这一事件震惊了全世界，王良也大失所望。后经德国政府组织人员查明事件起因是卡介苗受到污染所致的时候，许多人对卡介苗的怀疑消除了，王良也坚定了赴法学习、研究卡介苗的决心。

1931 年，王良由重庆出发来到上海，乘法国邮轮来到巴黎后，马上进入巴斯德研究所卡介苗室学习。当时正值卡密特生病，卡介苗的生产、研究及培养学习人员事务，概由卡介苗的发明人之一介伦负责，王良亲受其传授、指导。王良首先用巴黎菌种自己培养制造的卡介苗免疫了豚鼠，经长时间观察，动物安全无恙，证明卡介苗是安全可靠的。他在巴黎学习期间共完成 4 篇论文，有 3 篇是关于卡介菌和结核菌的培养的，研究如何促进卡介菌生长发育。另一篇是关于霍乱菌的培养及如何制造霍乱菌苗。

1933 年夏天，王良购置了一些实验设备带回国，用来充实国内自设的实验室。

1933 ~ 1936 年，王良在重庆任仁爱堂医院医师，业余时间在自设的微生物实验室用带回国的卡介菌种培养制造了卡介苗，并在国内首次接种婴幼儿。1933 年 10 月至 1935 年 8 月，他共接种婴幼儿 248 人，这在当时已经是不小的成就了。

正当王良打算进一步推广卡介苗接种时，抗日战争爆发了。1939 年国民政府卫生署从武汉迁来重庆。该署派员到王良的实验室查看后，立即下令停止制造和接种卡介苗，这一强制行为使王良深感痛心。尽管如此，他仍按卡密特和介伦所教授的方法继续保存了所带回国的卡介苗菌种。

1949 年 11 月，中国人民解放军进驻重庆，不久西南军政委员会卫生部成立了。钱信忠部长亲自到王良实验室参观，倍加慰勉，并邀王良参加 1950 年第一届全国卫生会议。会议期间，王良受命筹建重庆西南卡介苗制造研究所，并任所长亲自参加卡介苗培养制造工作。

1956 年，西南卡介苗制造研究所并入成都生物制品研究所，王良任副所长兼卡介苗室主任。同时，还成立了王良研究室。从此他以更大的热情投身于卡介苗及免疫机制的研究工作之中。其主要贡献包括：

◎提高卡介苗质量的试验研究

卡介苗质量的根本问题是活力问题，也就是每批菌苗必须有一定数量的活菌。影响活菌数量的原因有菌种、培养基、生产技术、活菌计数方法等。王良把生产用培养基进行了化学分析，最后找到了更适合卡介苗的发育条件。同时，他用优选法测定了冻干卡介苗的保护液中蔗糖的含量。

在活菌计数方法上，王良设计了一些试验方法和统计学处理方法，操作起来更加方便。

在卡介苗延长效期方面，王良证实冰箱保存 6 周的菌苗，仍有 26% 的活菌。这个数量的活菌数，足以引起免疫力。

◎ 选择卡介苗菌种的研究

由于对菌种长期的传代方法不同，各国使用的菌种的性质均多少有些差别，中国也不例外。因此，选种就成为一项重要课题。20 世纪 50 年代初，在卫生部指示下，王良在卫生部生物制品检定所会同各生物制品研究所的技术人员，进行了一次历时 2 年的卡介苗选种工作，为我国生产出优质疫苗做出了贡献。

◎ 卡介苗免疫机制的探讨

现代结核免疫学认为，结核病免疫主要是细胞免疫，体液抗体不起主要作用，并认为变态反应及细胞免疫同时存在，但是这个观点还远未能统一。在王良研究课题中，从未把细胞免疫和体液免疫截然分开。例如，他多次注意到免疫动物血液中各种免疫球蛋白明显增加，并当动物变态反应消失时，保护力在一定时间内依然存在。

事实上，卡介苗不仅能刺激细胞免疫，也能激发体液抗体，这从王良首次接种婴幼儿所见到的非特异性免疫已可证实。他在对卡介苗接种后对伤寒菌、链球菌、葡萄球菌的抵抗力

广角镜

链球菌

链球菌是化脓性球菌的另一类常见的细菌，属于芽孢杆菌纲，乳杆菌目，链球菌科。广泛存在于自然界和人及动物粪便和健康人鼻咽部，大多数不致病。医学上重要的链球菌主要有化脓性链球菌、草绿色链球菌、肺炎链球菌、无乳链球菌等。引起人类的疾病主要有：化脓性炎症、毒素性疾病和超敏反应性疾病等。

的研究中观察到，卡介苗接种后对上述各菌的抵抗力明显提高，小鼠免疫后14 天，用 4～10 倍半数致死量的伤寒菌攻击，结果对照组有 90.4% 的小鼠死亡，而免疫组仅有 27.2% 的小鼠死亡。他又观察到用卡介苗免疫的家兔血液中，链球菌消失很快，而对照组的家兔血液中链球菌则明显增加。

王良从青年起，即立志于防痨事业，中华人民共和国成立后，更以高度热情从事卡介苗制造研究工作，推动了我国医学，尤其是结核病防治工作的发展。1985 年 8 月 31 日，王良病逝于成都，终年 94 岁。

▶ 结核性疾病的克星——链霉素

除了卡介苗，征服结核杆菌还有一个"法宝"——链霉素。提起链霉素，人们自然不会忘记美籍俄国人塞尔曼·亚伯拉罕·瓦克斯曼。

1888 年 7 月 22 日，瓦克斯曼生于俄国的普里鲁基，由于他是犹太血统，不能进入莫斯科大学学习。

1910 年，22 岁的瓦克斯曼到了美国，进入拉特格斯大学学习微生物学，1915 年毕业，次年成为美国公民，后去加利福尼亚大学深造。1918 年获博士学位后，他又回到拉特格斯大学任教，并在微生物研究所承担研究工作。瓦克斯曼孜孜不倦进行土壤中的所谓放射线菌和不同于细菌种类的微生物分类的研究。

1924 年，美国结核病协会委托瓦克斯曼所在的研究所，研究进入土壤中的结核菌的真相。瓦克斯曼一边讲学，一边从事细菌学的研究。每天从早到晚，他观察的、思考的都是微生物。经过 3 年多的努力，他得出了结论：进入土壤中的结核菌，最终在土壤中被消灭了。是谁消灭了结核菌？是以什么方式消灭的？这些问题并没有最终解决。

为了寻找消灭结核菌的克星，瓦克斯曼继续深入研究。他做了一系列的实验，认真观察和记录，捕捉每一个细微的变化。他断定，土壤中那些无毒性，但又有很强杀菌能力的微生物消灭了结核菌。但在这微观世界的王国里，生存着数以万计的微生物，要寻找出是哪一种微生物消灭了结核菌，如同大海捞针。

　　但瓦克斯曼没有灰心，他让助手找来不同的土壤，将一块块土壤中数以千计的不同细菌一一分离出来，放在不同的培养基里培养，当获得分泌物后，又在病原菌中进行杀菌能力的检测。

　　当时，他的学生杜博斯对微生物产生的抗菌物质很感兴趣。1939 年，他从短杆菌中分离出一种抗菌物质，并称之为短杆菌素，这是一种由 20% 短杆菌肽和 80% 短杆菌酪肽组成的混合物。即使把这种短杆菌素从 10 万倍冲淡到 100 万倍，它也有阻止葡萄球菌发育的能力。

　　杜博斯的这一发现，又激起了人们对弗莱明的青霉素的兴趣。瓦克斯曼知道这一发现后，认为在自己长年研究的放射线菌中可能有产生抗生物质的东西，从而开始寻找这种抗生物质。1939 ~ 1941 年，瓦克斯曼实验过的细菌已超过 5000 种，1942 年达七八千种。杜博斯的杀菌剂和青霉素两者只对革兰阳性细菌有效，而对革兰阴性细菌不起作用。因此，瓦克斯曼对能制服革兰阴性细菌的物质尤其感兴趣。

　　1941 年，瓦克斯曼从一种放射线细菌培养液中提取出阻止葡萄球菌等发育的放射线菌素。1942 年，他又从别的放射线菌培养液中提取出阻止葡萄球菌、伤寒菌、赤痢菌等发育的抗生素。这是一种像细菌的丝状微生物——链丝菌属，这种抗生物质不仅能杀死青霉素所能杀死的细菌，也能杀死青霉素所不能杀死的结核菌，但这种抗生物质毒性很强，不能作为药品使用。

　　1942 年，瓦克斯曼提出把由微生物产生的能够阻止其他微生物发育的物质叫抗生物质，从此，这一名词便沿用下来。在放射线菌中产生的抗生物质中，为找到毒性小的抗生物质，瓦克斯曼又进一步深入研究。1943 年，他和助手们从链丝菌中分离出一种毒性低的细菌丝，发现它可以对结核杆菌产生抑制作用，这种抗生物后来被命名为链霉素。

　　1944 年 1 月，瓦克斯曼和他的助手们向世人宣布了链霉素的诞生。1945 年 5 月 12 日在人身上第一次成功地应用了链霉素。瓦克斯曼的这一发现，对世界产生了很大影响，各种荣誉和奖励接踵而来。1949 年，瓦克斯曼获得了帕萨诺基金会奖；1950 年，荷兰科学院向他颁发了爱米尔基督教汉森奖章；1952 年，他荣获了诺贝尔医学和生理学奖。他把奖金作为拉特格斯大学的研究基金。

链霉素的毒性稍大一些，人类为获得毒性小的其他抗生素又开始了对土壤微生物进行积极和系统的探索。在第二次世界大战之后，各国通过对抗生物质的研究，陆续发现了新的抗生物质，特别是美国，组织了一个较大的研究机构，专门进行使用放射线菌产生抗生物质的研究。1947 年，埃利克发现了氯霉素；1948 年，达卡发现了金霉素；1950 年，凡雷发现了四环素；1952年，马科卡伊亚发现了红霉素。到现在为止，人类发现的抗生物质有 600 多种。人类在征服细菌的征途中越走越远。

知识小链接

红霉素

红霉素是由红霉素链霉菌所产生的大环内酯系的代表性的抗菌素。此外，尚有琥珀酸乙酯（琥乙红霉素）、丙酸酯的十二烷基硫酸盐（依托红霉素）供药用。

造福人类的"天使"

　　在古代，人类就懂得利用细菌帮助制造各种食品。由于细菌会产生酶，而酶有发酵作用，因此就利用细菌来发酵，从而酿出各种葡萄酒，发酵各种面点。近年来，科学家发现，利用细菌可以从方方面面为人类造福。早在1973年，美国科学家斯坦利·科恩和赫伯特·博耶就成功地把蟾蜍的基因和细菌的基因结合起来，这意味着人类可以为了某种目的而特制细菌了。

　　随着科研的进一步深入，科学家又惊奇地发现，细菌还可以用来帮助制造生物药品、生物塑料，甚至可以用来进行地下水治理、测试污染、净化空气、进行石油开采等。

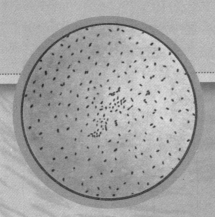

专门吃汞的细菌

1953 年，日本九州水俣地区发生了一种奇怪的病。患者开始感到手脚麻木，接着听觉和视觉逐步衰退，最后精神失常，身体像弓一样弯曲变形，惨

日本水俣病患者

叫而死。当时谁也搞不清这是什么病，就按地名把它称为"水俣病"。据统计，截止到 1977 年 10 月共有 203 人死于水俣病。

那么，水俣病的内在原因究竟是什么？为解决这个问题，日本熊本医学院的研究人员花了近 10 年的时间，终于查明祸根就是汞甲基化细菌。

原来，在水俣县附近，许多工厂把含有汞盐的工业污水大量排入水俣湾，水俣湾中的汞甲基化细菌将汞盐中的二价汞离子甲基化，产生甲基汞。二氯化汞的甲基化，即可在细胞内进行，也可在细胞外发生。自然界中普遍存在有汞甲基化细菌，水俣湾中的汞甲基化细菌有荧光极毛杆菌、大肠杆菌、产气杆菌、巨大芽孢杆菌等，这些细菌可将二价汞离子甲基化。

广角镜

甲基汞

甲基汞是一种具有神经毒性的环境污染物，主要侵犯中枢神经系统，可造成语言和记忆能力障碍等。其损害的主要部位是大脑的枕叶和小脑，其神经毒性可能扰乱谷氨酸的重摄取和致使神经细胞基因表达异常。

后来，研究人员进一步发现人体肠道中的大肠杆菌、葡萄球菌、乳杆菌、类杆菌、双歧杆菌和链球菌，也可使二氯化汞转化为甲基汞。此外，某些真

菌如黑曲霉、酿酒酵母也可产生甲基汞。当加工厂排出的含汞废水污染水俣湾，使水中的鱼、虾含汞量大增，人吃了这些鱼、虾之后，鱼、虾里的甲基汞进入人体，当甲基汞在人体内的含量达到一定程度时，就会严重地破坏人的大脑和神经系统，产生可怕的中毒症状，最后导致人的死亡。

二氯化汞和甲基汞都是有毒的化合物，据测定，一个成年人口服 0.1~0.5 克二氯化汞便可中毒死亡。甲基汞的毒性比二氯化汞大 100 倍，所以细菌将二氯化汞转化为甲基汞大大提高了毒性。

甲基汞是神经系统的强毒剂，对人的大脑皮质有严重损害，而且人的年龄越小，大脑受损害的程度越严重。大脑失去功能，导致生命终止，这就是水俣中毒事件的原因。

汞化合物是一种很难对付的污染物，人类曾试图用物理的或化学的方法来清除汞化合物，但是效果都不是很理想，最后还是请来了神通广大的微生物。微生物王国中有一类耐汞细菌，它既能降解有机汞化合物，又能分解无机汞化合物，是汞污染物的清道夫。

如假单孢杆菌就是一员解除汞毒的悍将。假单孢杆菌到了含有汞化合物的污水里，不但安然无恙，还能美餐一顿，把汞吃到肚子时，经过体内一套特殊的酶系统的作用，把汞离子转化成金属汞。

在耐汞细菌的作用下，许多有机汞化合物都可受到转化作用。研究表明，耐汞细菌可将苯汞醋酸转化为苯和金属汞，将对羟基苯汞甲酸转化为苯甲酸和金属汞，将甲基汞转化为甲烷和金属汞，将乙基汞转化为乙烷和金属汞。有人曾测定，一种从土壤中分离出来的极毛杆菌在 2 小时内可将加入培养液中的 70% 苯汞醋酸转化为苯和金属汞，所产生的苯与汞的克分子比率在 48 小时内从 4.4 变到 389。

同样，在耐汞细菌作用下，无机汞化合物可被还原为金属汞。转化无机汞化合物的细菌有 100 余种，其中最著名的有大肠杆菌、极毛杆菌、葡萄球菌、氧化亚铁硫杆菌等。

有机汞化合物和无机汞化合物，经过耐汞细菌的作用，所分解出来的金属汞，或者挥发入大气，或者沉淀入沉积物中，解决了环境中的汞污染。

汞广泛地存在于岩石、土壤、大气和水体中，朱砂和偏朱砂是最重要的含汞矿物，黝铜矿是最重要的汞源。在地表水中，重要的汞化合物是二氯化汞和氢氧化汞；沉积物中最常见的汞是硫化汞；绝大部分地区空气中的汞是金属汞和甲基汞，但甲基汞的浓度较低。由地壳自然放气释入空气的汞估计每年为 2.5 万~50 万吨。

汞广泛地存在于岩石、土壤、大气和水体中

近代工业的发展加速了环境中汞的含量，油漆、医药、造纸、瓷器、炸药以及农业用汞作农药、催化剂等，造成环境的汞污染。有人做过这样的估计，每年采矿活动排入环境中的汞为 1.25 万吨；每年燃烧煤释放到环境中的汞在 3000 吨以上；原油燃烧放入环境中的汞为 1 万~6 万吨；人类工业生产每年总计向大气和水体中放入的汞有 2 万~7 万吨。

环境中汞的含量不断增加，加上细菌使汞甲基化，产生甲基汞，因而汞毒的潜在危险越来越大，这绝非危言耸听，类似水俣中毒的事件在其他国家也曾发生过。20 世纪 50 年代初，瑞典曾用含有苯汞醋酸和甲基汞的杀菌剂进行种子消毒，而吃了这种种子的鸟类却大量死亡；美国有 19 个州的水域曾测出汞的含量偏高，政府曾下令禁捕狗鱼和鲈鱼，以防人食后发生汞中毒。可见，防止环境中的汞污染，是环保工作的一项重要课题，人类还要充分发挥细菌在解除汞毒方面的作用。

▶ 细菌也可做饲料

当前，发展畜牧业的矛盾主要是饲料问题，解决好饲料问题的关键，在于搞好粗、细饲料的搭配，以及提高粗饲料的营养价值。利用微生物改造饲料不仅能够延长存放时间，以旺补淡，使牲畜一年四季都能吃到青饲料，而且饲料经微生物作用之后变得又好吃、又有营养。

我国北方利用微生物技术制作青贮饲料非常普遍，具体做法是：夏秋时节青饲料大量收获时，把青饲料堆放起来，利用自然生存的和人工接种的乳酸杆菌的作用,让它们大量繁殖,从而抑制了引起青饲料腐烂的微生物的生长繁殖。如果在青饲料中加入一定比例的乳酸杆菌的营养物质,例如米糖等,乳酸杆菌就会生长得更好,然后用塑料薄膜或沙土将青饲料密封起来,可以贮存 1 年以上,因而它又有长贮饲料之称。

稻草、麦秸的资源十分丰富,但由于它们的主要成分是由纤维素组成的,牲畜吃了很难消化,且由于其可口性差,许多牲畜(如猪)并不爱吃。利用细菌对秸秆类物质的分解作用,可提高这种粗饲料的营养成分及可口性。通常做法是:把秸秆类物质粉碎后,加入一定量的水分,接入菌种(多为霉菌和酵母菌)进行堆

丰富的麦秸资源

积保温发酵,也可以加菌种进行自然发酵。由于微生物生长繁殖的结果,发生了一系列的生化反应,因此伴有酸、甜、香等气味发生。习惯上把用这种方法制作的饲料,叫做发酵饲料。又因为生产这类饲料的目的之一是期望把秸秆中的纤维素转变为糖,所以又称为"糖化饲料"。

微生物制造饲料的原理是利用各种微生物的代谢本领。利用有的微生物善于分解纤维素的能力,改善饲料的营养价值;利用有的微生物产生具有杀菌能力的物质像乳酸,可以延长贮存期。同时饲料经微生物发酵以后,还能减少饲料中致病菌的数量,对减少牲畜的病害也有一定好处。有的微生物菌体本身就是一种极好的饲料。

特别值得一提的是,菌体蛋白饲料(即纤维蛋白饲料和烃蛋白饲料的统称)的研制成功,将为饲料的工业化生产开辟出一条新的道路。利用锯末、废木材等纤维素和石油的馏分产物为原料,接种上理想的微生物,经过生长繁殖,便可获得大量的微生物菌体。据测定,这种菌体中所含的营养物质,其营养价值可与鱼粉、大豆等相媲美。豆饼中蛋白质的含量为 45%,菌体中蛋白质的含量竟高达 50% 以上,并且还含有一定量的 B 族维生素和维生素 D 等。1 吨菌体蛋白饲料所含的营养物质相当于 80 吨的青饲料。用菌体蛋白喂

养奶牛，每天能多产牛奶 6~7 升，而且牛奶中的脂肪含量也有提高。用来喂猪，体重也明显增加。养鱼长得快，体肥个大。养蜂能使蜂加快繁殖。蚕对菌体的蛋白也有"兴趣"，如果大力推广，也许我们靠桑叶养蚕的状况会有一场革命呢！

密不可分的细菌和农业生产

任何植物都必须依土壤为基地，从土壤中汲取养分。而土壤形成的本身，及土壤熟化的过程都有细菌的参与。细菌分解土壤中植物所不能直接利用的有机质，形成腐殖质，改善了土壤结构，增加了植物可吸收利用的养分。同时，土壤中一些固氮的微生物把大气中游离态的氮固定到菌体中或土壤里供植物利用，这样大大改善土壤肥力。另外，土壤中的细菌产生了许多抗生物质，这些物质可以抑制和杀灭有害微生物，从而使作物生长得更好，使产量大大提高。

积肥、沤粪、翻土压青等有意识地创造有机肥料腐熟条件是人类在农业生产中控制微生物的生命活动的规律的生产技术，这些技术很早就被古代劳动人民所接受，公元前 1 世纪的《氾胜之书》中就指出，肥田要用腐熟的粪。同时，该书也提出了瓜与小豆间作，即与豆类作物间作，利用豆科植物的共生性固氮作用来改善植物营养条件，可见古人也已知共生固氮的作用了。公元 5 世纪，贾思勰所著的《齐民要术》更反复强调了相类似的观点。

微生物在农业生产上的应用主要有这几个方面：

（1）有机肥的腐熟；

（2）生物固氮作用；

（3）土壤中难溶的矿物态磷、硫的转化作用；

（4）生物农药等。

人粪尿、厩肥等都是很好的有机肥，这些肥料在施用之前都必须经堆积腐熟后，否则，会因为有机肥发酵发热而烧坏作物。有机肥腐熟过程就是细菌分解有机物，同时产热的一个过程。

有机肥刚刚堆完之后，由于富含有机养料而导致大量细菌生长，在细菌生长的同时，有机物被分解，这时产生了大量的热，导致堆积的有机肥温度上升，在高温和一些耐热的微生物共同作用下，堆积肥中的一些难分解的有机物如纤维素、半纤维素、果胶质等也开始分解，并在堆肥中形成了腐殖质。之后，堆积的肥料开始降温，在这过程中继续有许多有机质被分解，新的腐殖质被形成，最后，堆积的有机肥完全腐熟，成为主要以腐殖质为主的稍加降解就能为植物直接利用的有机肥了。

生物固氮，在土壤中的许多微生物中都有这种功能。在农业生产中可以有意识地选用固氮能力强的菌种接种到植物上或施用到大田中去，即所谓的菌肥或增产菌。

寄生于豆科植物根部的根瘤菌就是一种很好的固氮菌。这种细菌在土壤中自由生活并不能固氮，但当它侵入到豆科植物的根部结瘤后即具有从大气中固氮的能力。

广角镜

固氮菌

细菌的一科。菌体杆状、卵圆形或球形，无内生芽孢，革兰染色阴性。严格好氧型，有机营养型，能固定空气中的氮素。包括固氮菌属、氮单孢菌属、拜耶林克氏菌属和德克斯氏菌属。固氮菌肥料多由固氮菌属的成员制成。

知识小链接

根瘤菌

根瘤菌是与豆科植物共生，形成根瘤并固定空气中的氮气供植物营养的一类杆状细菌。能促使植物异常增生的一类革兰染色阴性需氧杆菌。正常细胞以鞭毛运动，无芽孢。可利用多种碳水化合物，并产生相当量的胞外黏液。如根瘤菌属和慢性根瘤菌属都能从豆科植物根毛侵入根内形成根瘤，并在根瘤内成为分枝的多态细胞，称为类菌体。常制成细菌制剂在田间施用，作为作物或牧草增产的一种手段。还有土壤杆菌属，能够通过外伤侵入多种双子叶植物和裸子植物，致使植物细胞转化为异常增生的肿瘤细胞，产生根癌、毛根或杆瘿等。

拔起一棵大豆，洗掉根上的泥土就会看到，大豆根部除了长有像胡子一样的根毛外，还长有许许多多的小圆疙瘩，形状像"肿瘤"，所以叫根瘤。把

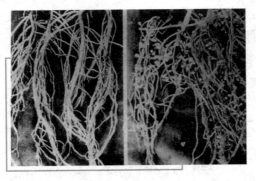

大豆的根系

它挤破，除了一些带有腥臭味的"红水"外，似乎看不到它们有什么特别之处。但是，把这种汁液放到显微镜下去观察就会发现，在这些"红水"里，有许多球状、杆状的微小生命在活动。这些小生命就是根瘤菌。

根瘤菌和豆科植物的关系非常密切。根瘤菌在侵入植物根部后会分泌一些物质，能刺激根毛的薄壁细胞很快增殖形成"肿瘤"。在瘤中，瘤菌是依赖于植物提供营养来生长、繁殖的。同时，它们也有一种特殊的本领，随身带有一种奇妙的物质——固氮酶，可以把空气中游离的氮固定下来，供给植物利用，这叫固氮作用。一个小小的根瘤就像一个微型化肥厂一样，源源不断地把氮变成氨送给植物吸收。

1886 年，俄国的学者奥拉尼首先从豆科植物（羽扁豆）的根瘤中发现根瘤菌。1888 年荷兰学者贝耶林克又分离到纯的根瘤菌种。1935 年前苏联建立了世界上第一座根瘤菌肥工厂。

有固氮作用的微生物很多。目前，在农业生产上应用的固氮微生物肥料，主要有共生根瘤菌肥、自生固氮菌肥和固氮蓝藻肥三类。

（1）共生根瘤与植物之间有着共生的关系。667 平方米土地中所含的根瘤菌在 1 年的时间内可以固定 10 ~ 15 千克的氮，这相当于向土壤中施加 50 ~ 75 千

广角镜

蓝藻

蓝藻是原核生物，又叫蓝绿藻、蓝细菌。大多数蓝藻的细胞壁外面有胶质衣，因此又叫黏藻。在所有藻类生物中，蓝藻是最简单、最原始的一种。蓝藻是单细胞生物，没有细胞核，但细胞中央含有核物质，通常呈颗粒状或网状，染色质和色素均匀地分布在细胞质中。该核物质没有核膜和核仁，但具有核的功能，故称其为原核（或拟核）。在蓝藻中还有一种环状 DNA——质粒，在基因工程中担当了运载体的作用。和细菌一样，蓝藻属于"原核生物"。

克的硫酸铵。自生固氮菌能独立生活并进行固氮作用，其种类较多，有的是好氧菌，有的则是厌氧菌。在 667 平方米土地中的自生固氮菌 1 年内固定的氮气约有 2.5 千克，相当于 12.5 千克硫酸铵。

（2）自生固氮菌肥料的研制开始于 1911 年，直到 1937 年才在前苏联大量地生产和施用。我国正式生产施用自生固氮菌肥料是在 1955 年以后。我国的细菌工作者在东北地区找到一种自生固氮菌，制成菌肥以后用在谷子、高粱、玉米等一些农作物上，都取得了明显的增产效果。

（3）固氮蓝藻有在水中固氮的本领，是提高水田肥效很有前途的一类微生物。每年若向 667 平方米水田中施放 2.5 千克蓝藻，它们的固氮效果就相当于施加 45 千克的硫酸铵。

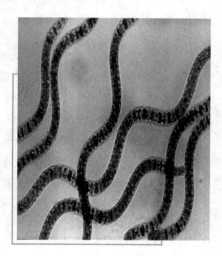

蓝 藻

把固氮的微生物进行人工培养获得大量的活菌体，然后用它们拌种或施播，这就是迅速发展的细菌肥料。细菌肥料不仅能提高农作物产量，而且因为活的菌体能在土壤中继续生长繁殖，有一年施加多年有效的好处。

地球的岩石中含磷量很高，但多数磷都以难溶性的磷酸盐形式存在，这些不能为植物所利用。而土壤中含有的一些细菌，如氧化硫硫杆菌、磷细菌等可以通过产酸或直接转化磷盐存在的形式而成为植物可利用的成分。因而在农业生产上，可以培养这类细菌，然后把它们放养到缺磷肥的土壤中去，通过这类微生物的转化，即可使该土壤成为富含磷肥的地块而使作物高产。

为了防治病虫害，获得粮食高产而广泛使用农药，据统计，目前世界上生产和使用的农药多达 1300 多种，其中主要是化学农药。过去化学农药在植保工作中一直占主导地位。但是，由于化学农药对所有生物都有毒害作用，有些化学农药在土壤中很难降解，如六六六、艾氏剂等通过食物链的富集，现在已成为一种公害。因此，寻找高效、低毒、低残留的农药已成为当务之急，而生物农药的出现恰好解决了这一难题。

生物农药统属于所谓的"第三代农药"。第三代农药包括杀灭剂、绝育剂、性诱剂、拒食剂、激素等，这些多数是生物代谢的产物。比如，人类利用一些细菌制成了杀虫剂。

目前，用作细菌杀虫剂的细菌主要是苏方金杆菌和日本金龟子芽孢杆菌。这类细菌对人畜无害，而当昆虫吃下这类细菌即可发病而死亡。

知识小链接

磷细菌

存在于自然界，主要是土壤中的一类溶解磷酸化合物能力较强的细菌的总称。通过磷细菌的作用，可使土壤中不能被植物利用的磷化物转变成可被利用的可溶性磷化物。故又称溶磷细菌。主要有两类，一类称为有机磷细菌，主要作用是分解有机磷化物如核酸、磷脂等；另一类称为无机磷细菌，主要作用是分解无机磷化物，如磷酸钙、磷灰石等。磷细菌主要是通过产生各种酶类或酸类而发挥作用的。可用它制成细菌肥料，实践证明，对小麦、甘薯、大豆、水稻等多种农作物，以及苹果、桃等果树具有一定增产效果。农业上常用的菌有解磷巨大芽孢杆菌，俗称为"大芽孢"磷细菌。此外，还有其他芽孢杆菌和无色杆菌、假单孢菌等。

无菌不成醋

醋是家家必备的调味品。烧鱼时放一点醋，可以除去腥味；有些菜加醋以后，不仅口味更好，还能增进食欲，帮助消化。另外，醋还是一些女士的最爱，因为它还有美容养颜的作用。

早在 1856 年，在法国立耳城的制酒作坊里，发生了淡酒在空气中自然变醋这一怪现象，由此引起了一场历史性的大争论。当时有的科学家认为，这是由于酒吸收了空气中的氧气而引起的化学变化。而法国微生物学家、化学家巴斯德，经过悉心研究，令人信服地证明了酒变成醋是醋酸杆菌的缘故。

一般来说，制醋有 3 个过程：把大米、小米或高粱等淀粉类原料利用曲霉变成葡萄糖，再由酵母菌把葡萄糖变成酒精。以上全是真菌的作用。此时在真菌的帮助下，就可以喝上美酒了。但是，由酒变醋，还得最重要的第三步，这就要醋酸杆菌来大显身手了。

醋酸杆菌是一类能使糖类和酒精氧化成醋酸等产物的短杆菌。醋酸杆菌细胞呈椭圆形或短杆形，（0.8～1.2）微米×（1.5～2.5）微米，细胞端有的尖有的平。醋酸杆菌没有芽孢，不能运动，好氧，在液体培养基的表面容易形成菌膜，常存在于醋和醋的食品中。工业上可以利用醋酸杆菌酿醋、制作醋酸和葡萄糖酸等。

盖得严严实实的酒桶

醋酸杆菌是一种需氧型细菌，在自然条件下，它们可以从空气中落到低浓度的酒桶里，在空气流通和保持一定温度的条件下，迅速繁殖，使酒精氧化成味香色美的酸醋。

知识小链接

醋酸杆菌

醋酸杆菌是一类能使糖类和酒精氧化成醋酸等产物的短杆菌。醋酸杆菌没有芽孢，不能运动，好氧，在液体培养基的表面容易形成菌膜，常存在于醋和醋的食品中。工业上可以利用醋酸杆菌酿醋、制作醋酸和葡萄糖酸等。

也正是这个原因，酒厂或酿酒师总是把酒桶盖得严严实实的，不让醋酸杆菌混入酒桶，即使有少量溜进桶里的醋酸杆菌也会因缺氧而被闷死。最后，还要给酒桶加温，残存的醋酸杆菌和其他"捣乱"的细菌才会一一被消灭掉。

甲烷细菌与沼气

在自然界中的湖泊、池塘、河流、沼泽地，常常看到有许多气泡从底部淤泥中冒出水面，如果把这些气体收集起来可以点燃，这种气体称沼气。因为沼气最早从沼泽地发现而得名。

广角镜

沼气

沼气，顾名思义就是沼泽旦的气体。经常可以看到，在沼泽地、污水沟或粪池里，有气泡冒出来，可把它点燃，这就是自然界天然发生的沼气。沼气，是各种有机物质在隔绝空气（还原条件），并在适宜的温度、湿度下，经过微生物的发酵作用产生的一种可燃烧气体。

沼气是一种可燃的混合气体，其主要成分是甲烷，此外还有二氧化碳、少量的氮、一氧化碳、氢、氨和硫化氢等，一般甲烷的含量约占60%。每立方米的沼气在燃烧时可以释放出20 920千焦的热量，约与1千克煤释放的热量相当。沼气除了用作燃料以外，还可以用来照明、发电、抽水等。农作物秸秆、人畜粪便、树叶杂草、城市垃圾等都是沼气发酵的原料。

沼气来自有机物质的分解，但有机物质的分解不一定都能产生沼气。沼气是在特定的厌氧条件，同时又不存在硝酸盐、硫酸盐和日光的环境中形成的。形成沼气的过程叫沼气发酵。在沼气发酵过程中，二氧化碳为碳素氧化的终产物，甲烷为碳素还原的终产物。在沼气发酵过程中参与甲烷形成的细菌，统称为甲烷细菌。

甲烷细菌都是专性严格厌氧菌，对氧非常敏感，遇氧后会立即受到抑制，不能生长、

沼气因最早从沼泽地发现而得名

繁殖，有的还会死亡。

　　甲烷细菌生长很缓慢，在人工培养条件下需经过十几天甚至几十天才能长出菌落。据麦卡蒂介绍，有的甲烷细菌需要培养七八十天才能长出菌落，在自然条件下甚至更长。菌落也相当小，如果不仔细观察很容易遗漏。菌落一般圆形、透明、边缘整齐，在荧光显微镜下发出强的荧光。

　　甲烷细菌生长缓慢的原因，是它可利用的底物很少，只能利用很简单的物质，如 CO_2、H_2、甲酸、乙酸、甲基胺等。这些简单物质必须由其他发酵性细菌，把复杂有机物分解后提供给甲烷细菌，所以甲烷细菌一定要等到其他细菌都大量生长后才能生长。同时甲烷细菌世代时间也长，有的细菌 20 分钟繁殖一代，甲烷细菌需几天乃至几十天才能繁殖一代。

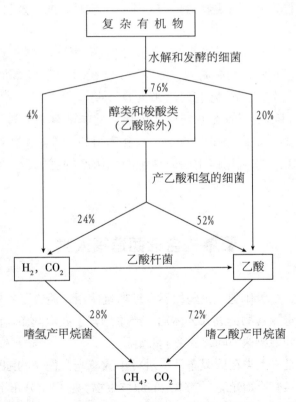

从有机物质到形成甲烷，是由很多细菌参与并联合作用的结果

甲烷细菌

甲烷细菌是微生物学领域内某一类特殊细菌的统称，这类细菌的主要特点是可以通过新陈代谢释放出甲烷气体。

因为甲烷细菌要求严格厌氧条件，而一般培养方法很难达到厌氧，培养分离往往失败。又因为甲烷细菌和伴生菌生活在一起，菌体大小、形态都十分相似，在一般光学显微镜下不好判明。20世纪50年代，美国微生物学家华盖特培养分离甲烷细菌获得成功。以后世界上有很多研究者对甲烷细菌进行了培养分离工作，并对华盖特分离方法进行了改良，能很容易地把甲烷细菌培养分离出来。

甲烷细菌在自然界中分布极为广泛，在与氧气隔绝的环境里都有甲烷细菌生长，海底沉积物、河湖淤泥、沼泽地、水稻田以及人和动物的肠道、反刍动物瘤胃，甚至在植物体内都有甲烷细菌存在。

从复杂有机物质厌氧发酵到形成甲烷，是非常复杂的过程，不是一种细菌所能完成的，是由很多细菌参与联合作用的结果。甲烷细菌在合成的最后阶段起作用。它利用伴生菌所提供的代谢产物氢气、二氧化碳等合成甲烷。

◎ 光合细菌造福人类

长期以来，由于化肥、农药的不合理超量使用，造成了农副产品质量下降，尤其是残毒随食物链进入人体后，严重危害了人类健康。而人类对光合细菌的开发，为解决这个问题带来了希望。

光合细菌是一大类在厌氧条件下进行不放氧光合作用的细菌，它是地球上最早出现的具有原始光能合成体系的原核生物。它广泛分布于海洋、湖泊、沼泽、池塘和土壤中，具有固氮，产氢，固碳，脱硫，可氧化分解硫化氢、胺类及多种毒物的能力。将光合细菌制成菌肥可作为底肥，以拌种和叶面喷施等方式应用到农业生产中，可增加生物固氮效率，对植物细菌及真菌性疾病有显著的预防和抵抗效果，不会造成农产品污染；光合细菌饲料添加剂适用于各类畜禽、水产养殖业，富含蛋白质、氨基酸、维生素等；另外光合细菌还可作生物抗癌药。

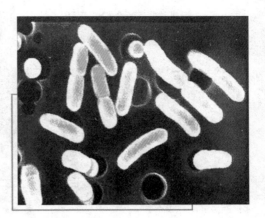

光合细菌

目前，主要根据光合细菌所具有的光合色素体系和光合作用中是否能以硫为电子供体将其划分为 4 个科：红色无硫细菌、红色硫细菌、绿色硫细菌和滑行丝状绿色硫细菌，进一步可分为 22 个属、61 个种。

光合细菌的光合色素由细菌叶绿素和类胡萝卜素组成。现已发现的细菌叶绿素有 a、b、c、d、e5 种，每种都有固定的光吸收波长。而类胡萝卜素也是捕获光能的主要色素，它扩大了可供光合细菌利用的光谱范围。

光合细菌的光合作用与绿色植物和藻类的光合作用机制有所不同。主要表现在：光合细菌的光合作用过程基本上是一种厌氧过程；由于不存在光化学反应系统 II，所以光合作用过程不以水作供氢体，不发生水的光解，也不释放分子氧；还原二氧化碳的供氢体是硫化物、分子氢或有机物。

光合细菌不仅能进行光合作用，也能进行呼吸和发酵，能适应环境条件的变化而改变其获得能量的方式。

近年来，光合细菌越来越受到关注和重视，人类对光合细菌的应用研究也获得了很大的进展。研究表明，光合细菌在农业、环保、医药等方面均有较高的应用价值。

光合细菌的营养非常丰富，其蛋白质含量高达 60% 以上，是一种优质蛋白源。光合细菌还含有多种维生素，尤其是 B 族维生素极为丰富，叶酸、泛酸的含量远高于酵母。它还含有大量的类胡萝卜素等生理活性物质。因此，光合细菌具有很高的营养价值。

另外，光合细菌可被用于鱼虾以及特种水产品如贝类、蟹、蛙类等的饵料或饲料添加剂。光合细菌可以促进鱼虾等的生长，提高成活率，提高产量，而且还能防治鱼虾疾病，净化养殖池水质等。

**由于大量无机肥料与化学农药
的使用而盐化的土壤**

光合细菌的营养价值极高，消化率好，作为畜禽饲料的营养添加剂已有 20 余年的历史。它在提高畜禽产品的产量、质量方面同样具明显作用。

光合细菌在种植业中的应用也非常广泛。由于大量无机肥料与化学农药的使用，造成土壤残留农药的毒害，土壤盐化、板结严重，土壤肥力趋于衰竭。因此，有识之士都大力提倡使用有机肥料和"生物农药"。光合细菌已被证明既是一种优质的有机肥料，又能增强植物的抗病能力。光合细菌可作为底肥，或以拌种和叶面喷施等方式应用。

知识小链接

光合细菌

光合细菌（简称 PSB）是地球上出现最早、自然界中普遍存在、具有原始光能合成体系的原核生物，是在厌氧条件下进行不放氧光合作用的细菌的总称，是一类没有形成芽孢能力的革兰阴性菌，是一类以光作为能源、能在厌氧光照或好氧黑暗条件下利用自然界中的有机物、硫化物、氢等作为供氢体兼碳源进行光合作用的微生物。光合细菌广泛分布于自然界的土壤、水田、沼泽、湖泊、江海等处，主要分布于水生环境中光线能透射到的缺氧区。

光合细菌也可以应用在食品、化妆品、医药保健业中。光合细菌富含类胡萝卜素，为重要的微生物来源的天然红色素。该色素无毒，色彩鲜艳、亮泽，并具防水性，因而很适用于食品、化妆品等工业中作为着色剂，在医药业中也具广泛应用前景。

更加引人注意的是光合细菌微生态制剂的出现。经动物试验表明，光合细菌保健食品具有延缓衰老、抑制肿瘤、免疫调节、调节血脂的显著功效。这与其细胞内富含类胡萝卜素是分不开的。类胡萝卜素的抗氧化能力、抗感染作用以及抗癌变作用已有许多研究报道和专门评述。光合细菌细胞中富含的 B 族维生素及活性物质，也成为提取天然药物的良好素材之一。

对光合细菌的研究在逐渐深入，其应用领域在逐渐拓宽。但在许多方面的应用研究，还只能说处于初级阶段。不过，其开发应用的前景是广阔的，必将具有不可替代的应用市场，在人类活动中发挥越来越大的作用。

广角镜

胡萝卜素

胡萝卜素主要存在于深绿色或红黄色的蔬菜和水果中，如：胡萝卜、西兰花、菠菜、空心菜、甘薯、芒果、哈密瓜、杏及甜瓜等。大体上，越是颜色强烈的水果或蔬菜，含 β-胡萝卜素越丰富。胡萝卜中含有大量的 β-胡萝卜素，摄入人体消化器官后，可以转化成维生素 A，是目前最安全补充维生素 A 的产品（单纯补充化学合成维生素 A，过量时会使人中毒）。维生素 A 可以维持眼睛和皮肤的健康，改善夜盲症、皮肤粗糙的状况，有助于身体免受自由基的伤害。维生素 A 不宜与醋等酸性物质同时服用。

▶ 细菌冶金

细菌冶金又称微生物浸矿，是近代湿法冶金工业上的一种新工艺。它主要是应用细菌法溶浸贫矿、废矿、尾矿和大冶炉渣等，以回收某些贵重有色金属和稀有金属，达到防止矿产资源流失，最大限度地利用矿藏的一种冶金方法。

这种能吃金属的细菌最早发现于 1905 年，德国德累斯顿的大量自来水管被阻塞了，拆修时发现管内沉积了大量铁末。科学家在显微镜下从铁末中找到了一种微小的细菌，这种细菌能分解铁化合物，并把分解出来的铁质"吃下去"。这些自来水管中的铁细菌，因"吃"了水中铁的化合物，"暴食"而死，铁末沉积在管内。

在毛里塔尼亚，发现深水潜水泵中的零件表面坑坑洼洼的，好像被什么东西咬过似的，后来，经化验才知道，这里的水中生长着一种"吃"铁的细菌，它们一见钢铁做的潜水泵下水，就蜂拥而上，抢吃起来。

将细菌应用在冶金业最早是在1974年，当时美国科学家凯勒尔和西克勒从酸性矿水中分离出了一株氧化亚铁杆菌。此后美国的布利诺等又从犹他州宾厄姆峡谷矿水中分离得到了氧化硫硫杆菌和氧化亚铁硫杆菌，用这两种菌浸泡硫化铜矿石，结果发现能把金属从矿石中溶解出来。至此细菌冶金技术开始发展起来。

在美国，约有10%的铜是用这种方法获得的，仅宾厄姆峡谷采用细菌冶铜法，每年就可回收铜7万多吨。更引人注目的是，铀也可采用细菌冶金法采冶回收。

参与细菌冶金的细菌有很多种，主要有以下几种：氧化硫硫杆菌、排硫杆菌、脱氨硫杆菌和一些异养菌、氧化亚铁硫杆菌（如芽孢杆菌属、土壤杆菌属）等。

细菌冶金中的微生物多为化能自养型细菌，它们一般多耐酸，甚至在pH为1以下仍能生存。有的菌能氧化硫及硫化物，从中获取能量以供生存。

知识小链接

硫化物

在无机化学中，硫化物指电正性较强的金属或非金属与硫形成的一类化合物。大多数金属硫化物都可看成氢硫酸的盐。

关于细菌从矿石中把金属溶浸出来的原理，至今仍在探讨之中。有人发现，细菌能把金属从矿石中溶浸出来是细菌生命活动中生成的代谢物的间接作用，或称其为纯化学反应浸出说，是指通过细菌作用产生硫酸和硫酸铁，然后通过硫酸或硫酸铁作为溶剂浸提出矿石中的有用金属。硫酸和硫酸铁溶液是一般硫化物矿和其他矿物化学浸提法（湿法冶金）中普通使用的有效溶剂。例如氧化硫硫杆菌和聚硫杆菌能把矿石中的硫氧化成硫酸，氧化亚铁硫杆菌能把硫酸亚铁氧化成硫酸铁。

也有的研究者认为，细菌冶金的原理是细菌对矿石具有直接浸提作用。他们发现，一些不含铁的铜矿如辉铜矿、黝铜矿等不需要加铁，氧化亚铁硫杆菌同样可以明显地将铜浸出。也就是说，细菌对矿石存在着直接氧化的能力，细菌与矿石之间通过物理化学接触把金属溶解出来。

还有的研究者发现，某些靠有机物生活的细菌，可以产生一种有机物，与矿石中的金属成分嵌合，从而使金属从矿石中溶解出来。电子显微镜照片也证实：氧化硫硫杆菌在硫结晶的表面集结后，对矿石侵蚀有痕迹。此外，微生物菌体在矿石表面能产生各种酶，也支持了细菌直接作用浸矿的学说。

根据矿石的配置状态，其生产形式主要有以下 3 种：

（1）堆浸法。通常在矿山附近的山坡、盘地、斜坡等地上，铺上混凝土、沥青等防渗材料，将矿石堆集其上，然后将事先准备好的含菌溶浸液用泵自矿堆顶面上浇注或喷淋矿石的表面（在此过程中随之带入细菌生长所必需的空气），使之在矿堆上自上而下浸润，经过一段时间后浸提出有用金属。含金属的浸提液积聚在矿堆底部，集中送入收集池中，而后根据不同金属性质采取适当方法回收有用金属。

这种方法常占用大面积地面，所需劳动力亦较大，但可处理较大数量的矿石，一次可处理几千到几十万吨。

（2）池浸法。在耐酸池中，堆集几十至几百吨矿石粉，池中充满含菌浸提液，再加以机械搅拌，以增大冶炼速度。这种方法虽然只能处理少量的矿石，但却易于控制。

（3）地下浸提法。这是一种直接在矿床内浸提金属的方法。这种方法大多用于难以开采的矿石、富矿开采后的尾矿、露天开采后的废矿坑、矿床相当集中的矿石等。其方法是在开采完毕的场所和部分露出的矿体上浇淋细菌溶浸液，或者在矿区钻孔至矿层，将细菌溶浸液由钻孔注入，通气，其溶浸一段时间后，抽出溶浸液进行回收金属处理。

这种方法的优点是，矿石不需运输，不需开采选矿，可节约大量人力和物力，矿工不用在矿坑内工作，增加了人身安全度，还可减轻环境污染。

细菌冶金与其他冶炼方法相比具有许多独特的优点：

（1）普通方法冶炼金属要采矿、选矿、高温冶炼，而细菌冶金可以在常温、常压下，将采、选、冶合一，因此设备简单、操作方便、工艺条件易控制、投资少、成本低。

（2）细菌冶金适宜处理贫矿、尾矿、炉渣，小而分散的富矿和某些难以开采的矿及老矿山废弃的矿石等，可达到综合利用的目的。

（3）细菌可以完成人工采矿无法完成的采矿任务。因为细菌个体非常小，可随水钻进岩石和矿渣的微小缝隙里，把分散的金属元素集中成为可用的金属。

（4）传统的开采及冶炼技术常常产生巨大的露天矿坑和大堆废矿石与尾矿，导致地表的破坏，冶炼硫化矿和燃烧高硫煤产生尘埃和二氧化硫均危害环境，而细菌冶金对地表的破坏降低到最低限度，亦无需熔炼硫化矿，减少了公害。

细菌冶金技术虽已取得了很大的发展，但也存在着一些如工艺放大、金属回收周期、回收率之类需要解决的问题。即便如此，它的前景依旧是光明的。

▶ 人类的新助手

当前，煤炭、石油和天然气作为人类生活中的主要能源被利用着。它们储存的化学能是由生物在几千年中才积累起来的。随着各国工农业的发展和人民生活水平的提高，能源的消耗与日俱增，据估计，这些化石资源在今后一两百年内就会枯竭，人类即将面临能源的危机。所以现在世界各国都在努力寻找新能源。

我们知道，氢气可以燃烧，是一种发热本领最高的化学燃料，燃烧 1 千克氢放出的热量，相当于燃烧 3 千克汽油或者 4.5 千克焦炭。所以人们将氢气看作未来能源的新星。

另外，氢气本身无色、无味、无毒，它燃烧后只产生水汽，不会造成环境污染，可以说是一种很干净的燃料。并且氢的来源也无限丰富，地球上有的是水，水就是氢和氧的化合物。

　　同时，人类发现了不少能够产氢的细菌。①花能异养菌，它们能够发酵糖类、醇类、有机酸等有机物，吸收其中一部分的能量来满足自身生命活动的需要，同时把另一部分的能量以氢气的形式释放出来。②能够产氢的细菌是光合的养菌，它们能够像绿色植物那样，吸收太阳光的能量，把简单的无机物合成复杂的有机物，以满足自身的需要，同时产生氢气。

　　不过，利用微生物生产氢气，目前还处于探索阶段，科学家们正不断寻找和培育产氢能力更强的微生物，希望在不远的将来，人类能以水做原料，靠太阳提供能量，利用微生物生产出更多的氢气来。

　　提到黄金大家都很熟悉，因为黄金自古以来常被用作装饰品，皇家贵族还用它做生活器皿。如今，黄金的用途远不止这些，它已走进了电子和宇航工业，成为做金币材料和牙科材料等。据报道，盛产黄金的国家主要有南非、俄罗斯、加拿大、中国等。

　　1个多世纪以来，90%以上的金厂都是用有毒的氰化物从脉金矿中出金。由于氰化物提金存在着溶剂剧毒的弊端，人们一直在寻找无毒的浸金溶剂。其中利用细菌的某些代谢产物提取金，就成为人们研究的重要课题。

　　有些细菌或其代谢产物，对金、银或包裹金银的硫化矿物，具有溶解、吸附、氧化等作用，利用这些作用，开展了提取矿石中金、银的研究。近年来，这方面的研究进展很快，有的已进入工业生产。

知识小链接

有机酸

　　有机酸是指一些具有酸性的有机化合物。最常见的有机酸是羧酸，磺酸、亚磺酸、硫羧酸（RCOSH）等也属于有机酸。有机酸可与醇反应生成酯。羧基是羧酸的官能团，除甲酸（H-COOH）外，羧酸可看作是烃分子中的氢原子被羧基取代后的衍生物。羧酸在自然界中常以游离状态或以盐、酯的形式广泛存在。羧酸分子中羟基上的氢原子被其他原子或原子团取代的衍生物叫取代羧酸。重要的取代羧酸有卤代酸、羟基酸、酮酸和氨基酸等。这些化合物中的一部分参与动植物代谢的生命过程，有些是代谢的中间产物，有些具有显著的生物活性，能防病、治病，有些是有机合成、工农业生产和医药工业原料。

据报道，俄罗斯在寻求无毒生物提金剂方面做了大量的研究，其曾做了不同细菌溶解能力的比较试验，并且发现某些巨大芽孢杆菌等溶金效果很好。

人类利用细菌的某些代谢产物提取黄金

石油被誉为"液体黄金"，是当前主要能源之一。现在的工农业生产以及化学工业都需要大量石油。因此，如何勘探石油就成为一个极有价值的研究问题了。

石油勘探的方法很多，微生物探测是其中的方法之一。石油是一种混合物，其中含有大量烃类物质。虽然石油埋藏在地层深处，但这些烃类物质还是可以通过扩散作用渗透到地壳表面来。有些微生物专吃这些烃类物质，如果微量的烃类物质有了较多积累，这些微生物就可以大量繁殖，依靠对微生物的观察就可以断定地下是否贮藏有石油。这种方法简单易行，可以辅助其他勘测方法，综合使用能提高勘探准确度。由于这些细菌具有指示油田位置的功能，因此人们称之为"指示菌"。

征服细菌的双刃剑

　　抗生素最早被称为抗菌素，事实上它不仅能杀灭细菌，而且对霉菌、支原体、衣原体等其他致病微生物也有良好的抑制和杀灭作用，近年来通常将抗菌素改称为抗生素。通俗地讲，抗生素就是用于治疗各种细菌感染或其他致病微生物感染的药物。借助青霉素等抗生素，直到 20 世纪 80 年代，人类几乎可以征服所有的感染类疾病。很多人沉迷于抗生素神话之中，大病使用抗生素，小病也用；与致病微生物有关的病使用，与致病微生物无关的病也使用，却不知抗生素其实是一把双刃剑，不可以滥用。

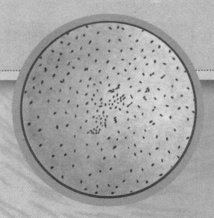

◤ 黯淡收场的磺胺

　　磺胺化合物是一类有着柜似结构的化合物的总称。1930 年以前，虽然有零星的研究表明有些磺胺化合物能影响某些链球菌的生长，但很长时间以来，它都只是作为染料在纺织工业中广泛使用。也许因为第一次世界大战给德国带来的巨大创伤，德国工业巨头法本公司意识到磺胺化合物可能潜藏的巨大军事以及经济价值，成立了由德国细菌生理学家格哈德·多马克和化学家约瑟夫·克莱尔领导的实验室，开始了磺胺的专项研究。

德国细菌生理学家格哈德·多马克

　　磺胺化合物有很多种，其中具有抗菌性能的其实并不多。1932 年，多马克将目标对准了百浪多息。接下来的数年中，他发现百浪多息不仅能控制丹毒等疾病，还能奇迹般地治疗一系列曾经无法挽救的感染病例，包括葡萄球菌败血症——第一次世界大战战场上最凶恶的杀手。而此时，弗莱明的发现（青霉素），还没有诞生。

　　多马克反复在狗和兔子身上做实验，验证磺胺的药力，获得了一次次的成功。磺胺药确实具有杀死溶血性链球菌的神奇效力，这一点，也被不少模仿多马克实验的医学家所证实。说来也巧，世界上第一个被用磺胺药治疗的人，竟是多马克的小女儿艾莉莎。

　　艾莉莎是个活泼可爱的孩子，一天，她在玩耍时，不小心被针刺破了手指，可恶的链球菌从伤口溜进了她的身体里，并且在血液里迅速大量繁殖。当天晚上，艾莉莎就病倒了，手指红肿，发起高烧。当地最有名的医生用了不少名贵的药，病情也不见好转，艾莉莎开始不停地发抖，陷入了昏昏沉沉的状态。多马克知道，细菌到了血里，成为溶血性链球菌败血症，病人就有生命危险。小艾莉莎脸色苍白，那痛苦求助的目光落在多马克身上，他的心都要碎了。此刻，眼见着心爱的女儿一步步地走向死亡，做父亲的却束手无策。

"不是有磺胺药吗?"不知是谁大胆地提醒。一听"磺胺药"三字，多马克的眼睛立刻亮了起来，他一下子从迷茫中醒悟过来。既然磺胺药可以治好小白鼠和狗的链球菌败血症，对人也许是有效的，何不在艾莉莎身上试一试呢?

知识小链接

磺　胺

　　磺胺类药物是指具有对氨基苯磺酰胺结构的一类药物的总称，是一类用于预防和治疗细菌感染性疾病的化学治疗药物。磺胺药种类有数千种，其中应用较广并具有一定疗效的就有几十种。磺胺药是现代医学中常用的一类抗菌消炎药，其品种繁多，已成为一个庞大的"家族"了。可是，最早的磺胺却是染料中的一员。

多马克立即跑到实验室，取回了磺胺药，果断地用到艾莉莎身上。时间在一分一秒地过去，多马克守候在一旁一夜未眠，密切注视着艾莉莎病情的变化。第二天早晨，艾莉莎居然从昏睡中醒来了，病也很快好了。

1935 年，多马克公布了他们的研究成果，后续临床研究表明磺胺具有广泛的抗菌范围，能控制一系列细菌导致的感染性疾病。百浪多息因此成为人类首次发现并合成的抗菌药物。在征服细菌的战斗年表上，多马克的发现意味着人类的第一波攻击已经开始了。多马克因其卓越的贡献，获得 1939 年的诺贝尔奖。

可奇怪的是，百浪多息的研究发布之后，很多细菌学家发现将百浪多息和细菌在试管中混合，细菌并不会受到多大的影响! 百浪多息治疗疾病的事实是不容置疑的，可这个难以解释的现象又是为什么? 这里面有着什么样的秘密?

几个法国科学家经过深入的研究，揭开了百浪多息——也许也是法本公司——的秘密: 一种新奇巧妙的抗菌方式。细菌在分裂增殖之前，要先复制数量庞大的遗传物质。如果将细菌的遗传物质比作一个城市的市政中心，这个复制过程要从一砖一瓦开始。而一种叫作四氢叶酸的化学物质，在"砖瓦"的生产合成中是一个举足轻重的要角。细菌必须保证充足的四氢叶酸供应，才能着手准备复制。

包括人类在内的哺乳动物，可以直接从食物中获得四氢叶酸，绝大部分细菌则没有这个能力，它们只能自力更生，独立合成。四氢叶酸的合成原料中包括一种叫作对氨基苯甲酸（PABA）的化合物。细菌内一些蛋白质流水作业一般，将 PABA 和其他的必需原料一起先合成为二氢叶酸，然后再将其变成四氢叶酸。像青霉素和五肽链有一部分相同的结构那样，百浪多息的结构中有一段刚好和 PABA 非常相似。

不过百浪多息个子太大，虽然在结构上和 PABA 有相似之处，细菌体内精明的蛋白质们还是能一眼就分辨出真和假。不过，一旦百浪多息分解出磺胺，这些蛋白质就算是精细鬼伶俐虫，也弄不清谁是磺胺谁是 PABA 了。那些不明就里的蛋白质用磺胺来加工二氢叶酸，合成出来的东西没有丝毫生理活性，对制作"砖瓦"当然也就一点用都没有了。

二氢叶酸

二氢叶酸合成受到抑制时将导致核酸合成障碍，阻碍细胞生长繁殖。氨甲喋呤（MTX）是二氢叶酸还原酶的竞争性抑制剂，抑制人体内四氢叶酸的合成，可用于抑制肿瘤的生长。

细菌内负责合成二氢叶酸的蛋白质种类众多，分工合作，功能环环相扣，但是总量毕竟有限，而且每一种蛋白都承担着重要职责，缺一不可。当这个串联系统中任何一部分蛋白质的工作受到影响，就意味着系统的总效率在降低。实际上，百浪多息分解出的磺胺不仅作为原料混淆叶酸的合成，它还不断骚扰叶酸合成酶中的二氢蝶酸合成酶，破坏它的活性，极大干扰原本秩序井然的叶酸合成过程。百浪多息——其实真凶是磺胺——就是通过这些方式降低细菌合成二氢叶酸的效率，间接抑制了细菌的增殖。当细菌不能增殖，人体所面临的就不再是一支不断壮大的侵略军，而是一伙不断减员的流寇，依靠人体自身的抗菌能力战胜细菌感染就变成了一个单纯的时间问题。

这几个法国科学家很快将百浪多息的秘密以及磺胺的机理公之于世，法本公司从百浪多息谋取巨额垄断利益的梦想随之化为了泡影，因为早在1909年，磺胺就开始作为磺胺类工业染料的一员，在世界范围内得以广泛使用了。到了1935年，相关技术的专利早已失效，任何人都有权生产磺胺。

于是，在巨大的商业利益驱使下，上百家医药化学公司日夜加班，大量生产磺胺。数年内，成千上万吨各种剂型的磺胺药物疯狂涌入医疗市场。而磺胺作为人类历史上首次出现的抗菌利器，的确未负众望，一次次地将垂死的感染病人从死亡边缘拉了回来。一时间，无论是医生还是患者，都因这剂万能药的神迹而疯狂，任何感染，无论医生病人，首先考虑的是磺胺。

由于毫无理性的使用，越来越多的人遭受了磺胺带来的毒副作用。1937年，美国暴发了磺胺导致的集体中毒，直接死亡人数过百，各类毒副作用不计其数。1938年，美国紧急通过联邦食品、药物及化妆品法案，整顿这个混乱的医药市场，强制指导包括磺胺在内的各类药物、食品、化妆品的使用。

疯狂的滥用，除引发大量中毒案例之外，耐磺胺菌种随之迅速出现。尽管磺胺种类在增加，可它们在临床上的抗菌价值却在逐年缩小。尽管在30多年后，配药方式的改革带来了短暂的"回光返照"，磺胺曾经炫目的光彩无法逆转地暗淡了下去。随着青霉素等一系列新抗菌药物的出现，磺胺慢慢淡出了人们的视野。

▶ "道高一尺，魔高一丈" ——抗生素与细菌的战斗

抗生素作为化学治疗剂在医学临床上挽救了许多人的生命，取得了辉煌的成就。据报道，20世纪40年代以前，金黄色葡萄球菌败血症的病死率约为75%。现在，抗生素可以控制95%以上的细菌感染病。除此之外，抗生素在工业、农业、畜牧业等方面，都有着广泛的用途。

早在20世纪50年代，抗生素已广泛用于兽医临床防治畜、禽的感染，同时也可以防治牲畜疾病对人的感染，并取得了良好的效果。例如青霉素用于治疗猪丹毒。支原体引起的猪哮喘，是兽医临床上的常见病、多发病，过去应用四环素类抗生素进行治疗，但较难根治。后来用林可霉素与壮观霉素

合并治疗，获得了较好的效果。鸡球虫病是危害雏鸡较为严重的病患之一，近年来用盐霉素和莫能霉素进行治疗，效果良好。盐霉素和莫能霉素是专供畜禽使用的抗生素，不能供医学临床使用。此外，治疗后的畜禽体内残留有抗生素，须停药一段时间后才能宰杀，以防残留的抗生素危害人体。

抗生素在畜牧业上得到了广泛的应用

抗生素在畜牧业上的应用，不仅用于防治畜禽疾病，还能作为畜禽饲料的添加剂，它可以提高畜禽产量并节约饲料。各种抗生素产生菌的废菌丝中，残留有少量抗生素，将其加工成为饲料添加剂，兼有刺激幼小畜禽生长和控制畜禽传染病的作用。

鱼类、肉类、牛奶、水果等食品常因微生物污染而导致变质、败坏，常用冷冻、干燥、腌渍、消毒灭菌等方法保藏食品。这些方法易降低营养价值，并影响色、香、味，有些方法成本较高或处理不便，不能及时快速、简便地将食品保存起来，利用抗生素可方便、快速地达到保藏食品的目的。例如，制霉素可用于柑橘、草莓的保藏，四环素类抗生素可用于肉类、鱼类的保藏。另外，抗生素还用于罐头食品的防腐剂，已应用的有乳酸链球菌素、泰乐素等。

知识小链接

盐霉素

盐霉素为一元羧酸聚醚类动物专用抗生素，对大多数革兰阳性菌和各种球虫有较强的抑制和杀灭作用，不易产生耐药性和交叉抗药性，排泄迅速，残留量极低，用于猪可防治腹泻、促生长、提高成活率，主要用于家禽防球虫。盐霉素不仅能杀死小鼠身上的乳腺癌干细胞，还能抑制它们生出新的肿瘤细胞，同时还能减缓已经存在的肿瘤的生长速度。

作物病害，如小麦锈病、稻瘟病、甘薯黑疤病等均可用抗生素防治，应用有内吸作用的抗生素效果最佳，内疗素就是一种防治作物病害的内吸性抗生素。

自 1928 年亚历山大·弗莱明发现青霉素以来，人类与细菌一直在竞赛。在这场竞赛中，领先者不断改变着。

1946 年，即抗生素在第二次世界大战中广泛应用仅 5 年后，医生们发现，青霉素对葡萄球菌不起什么作用。这没有难倒药物学家，他们发明或发现新的抗生素，这使得当一种抗生素无效时，另一种抗生素仍能攻击抗药的菌株。新的抗生素以及合成的经过改进的老抗生素，在和突变型菌株战斗时仍能守得住阵地。最理想的是能找到一种连突变型也怕的抗菌物质，这样就不会有一种病菌能活下来进行繁殖了。

针对这个，科学家们在过去已经制出一些可能有这种效果的药。例如，1960 年曾制出一种变异的青霉素，称为"新青霉素 I"，它是半合成的，因为病菌对它的结构很生疏，细菌中像"青霉素酶"这样的酶不能分解它的分子，不能破坏它的活性。

青霉素酶是钱恩最先发现的，抗药菌株靠它来对抗普通青霉素。因此，新青霉素 I 就能消灭那些抗药的菌株。可是没过多久，抗合成青霉素的葡萄球菌菌株又出现了。

令人头疼的是，只要有新药出现，就会产生新的细菌变种。竞赛就这样进行着。在整个竞赛中，总的来说，药物略略领先，如结核、细菌性肺炎、败血症、梅毒、淋病和其他细菌性传染病已逐步被征服。不可否认，有些人死于这些疾病，而且至今仍有人因这些疾病而死亡，但人数毕竟不多，而且死亡的原因，多半是在使用抗生素前，细菌已破坏了他们的关键系统。

细菌的确很精明，特别是它们的进化方式。细菌对抗生素产生抗药性的原因与达尔文的自然选择学说正相吻合。譬如说，对一个细菌菌落使用青霉素后，大多数细菌被杀灭，但偶尔也有极少数细菌具有使它们自己不受药物影响的突变基因。这样，它们幸运地活了下来。接着，细菌变种把自己的抗药基因遗传给后代，每个细菌在 24 小时内能留下 16 777 220 个子孙。更为险恶的是，变种还能轻而易举地将自己的抗药基因传给无关的微生物，传递时，一个微生物散发能吸引另一个细菌的一种招惹剂，两个细菌接触时，它们打开孔，交换称之为胞质基因的 DNA 环，这个过程叫作不安全的细菌性行为。通过这种交配方式，霍乱菌从人肠内的古老的普通大肠杆菌那里获得了对四环素的抗药性。

斯坦福大学的生物学家斯特利·法尔科说："有迹象表明，细菌是'聪明的小魔鬼'，其活动之诡秘连科学家们也从未想到过。"例如，在妇女服用四环素治疗尿道感染的时候，大肠杆菌不仅会产生对四环素的抗药性，而且会产生对其他抗生素的抗药性。利维说："几乎是，好像细菌在抵抗一种抗生素的时候，就能很策略地预料到会遭到其他类似药的攻击。"

◉ "谈之色变" 的细菌武器

细菌武器作为一种生物武器，是由细菌战剂及施放装置组成的一种大规模杀伤性武器。所谓生物（细菌）战剂是指用来杀伤人员、牲畜和毁坏农作物的致病性微生物及其毒素，主要是靠炮弹、炸弹、布洒器和气溶胶发生器等施放装置进行施放。

在人类战争史上，细菌武器的使用由来已久。最早使用细菌武器的实例，可追溯到 1349 年。鞑靼人围攻克里米亚半岛上的卡法城时，由于城坚难摧，攻城部队又受到鼠疫大流行的袭击，他们便把鼠疫死者的尸体从城外抛到城内，结果使保卫卡法城的许多士兵和居民染上鼠疫，不得不弃城西逃。

1763 年，英国殖民主义者企图侵占加拿大，但遭到当地居民的顽强抵抗。一个英军上尉根据他们驻北美总司令杰弗里·阿默斯特的命令，伪装友好，以天花病人用过的被子和手帕作为礼物赠送给当地居民，以示安抚，结果在当地引起天花大流行，英国侵略者不战而胜。

细菌武器的威力如此巨大，因而备受侵略者的"偏爱"。他们不惜代价，不择手段地从事细菌武器的研究。据记载，在近半个世纪中，至少有 3 个国家使用了细菌武器。

在第一次世界大战期间，德国曾派间谍携带马鼻疽菌和炭疽菌培养物潜入协约国，将病菌秘密地投放到饲料中，或用毛刷接种到马、牛和羊的鼻腔里，使协约国从中东和拉丁美洲进口的 3.45 万头驮运武器装备的骡子感染瘟疫，影响了整个部队的战斗力。

1935 年，日本侵略者在我国哈尔滨附近的平房镇建立了一支 3000 人的细菌部队，这就是臭名昭著的第 731 部队，专门从事细菌武器的研制。每月能生产鼠疫菌 300 千克、霍乱菌 1000 千克、炭疽菌 500~600 千克，并用中国人民做活体试验，仅 1940~1943 年就有 3000 多人惨遭杀害。1940~1944 年，日本帝国主义曾在我国浙江、湖南、河南、河北、山东、山西等省的 11 个县市多次使用细菌武器，结果使宁波和常德等地鼠疫大流行。

美国研制生物武器，是从 1941 年开始的。1943 年在马里兰狄特里克堡建立了陆军生物研究所，从事生物武器的研制。根据美公开的记录报告透露：1971~1977 年美国每年用于生物战的经费都在 1000 万美元以上，并有专门生产细菌武器的研究所、实验场、工厂和仓库。朝鲜战争期间，美国先后使用生物（细菌）武器达 3000 多次，攻击目标主要是我国东北各铁路沿线的重要城镇如沈阳、长春、哈尔滨、齐齐哈尔、锦州、山海关、丹东等，以及朝鲜北部的一些主要城镇。

美军在朝鲜投下的四格细菌弹

细菌武器之所以受到一些国家，特别是侵略者的青睐，主要是因为它具有以下特点。

（1）面积效应大。10 吨生物战剂的杀伤面积比 100 万吨级核武器的杀伤面还要大 10 倍以上。

（2）传染性强。有些生物战剂所引起的疾病传染性很强，如鼠疫杆菌、霍乱弧菌和天花病毒等，在一定条件下，能在人和人之间或人与家畜之间互相传染，造成大流行。

（3）危害时间长。有些生物战剂对环境有较强的抵抗力，如伤寒和副伤寒杆菌在水中可存活数周。能形成芽孢的炭疽杆菌在外界可存活数年。

（4）发现难。细菌武器与原子武器不同，施放时不存在闪光和冲击波，再加上气溶胶无色无味，并且可在上风向使用，借风力飘向目的地，所以不易被侦察发现。

（5）种类多样化。生物战剂的潜伏期有长有短，传播媒介复杂多样，途径千差万别，因此可适应不同的情况和军事目的。

（6）选择性强。细菌武器只能伤害人、畜和农作物，而对于无生命的物质（如生活资料、生产资料、武器装备、建筑物等）则没有破坏作用，这符合侵略者利用它达到掠夺财富的目的。

国际上早在 1925 年的日内瓦会议上就订立了禁止使用化学武器的协议书，其中就有在战争中"禁止使用细菌之类的生物武器"的条文。但生物武器的使用和研究并没有因此作罢。事实上，时至今日一些国家仍在秘密进行细菌武器的研制。

➡️ 罪行累累的 "黑太阳"

20 世纪 20 年代末至 30 年代初，日军在东京日本陆军军医学校内建立了细菌研究室，对外称"防疫研究室"。1931 年"九一八"事变后，日军将细菌战的 A 型研究（亦称攻击型研究，即用活人做实验对象，检验其用于战场的效果）转移到中国东北。日本政府用"满洲"这块最新的殖民地，加快细菌战的研究，以期早日用于实战。

日本军国主义为扩大侵华战争的需要，在 1931 年"九一八"事变至 1945 年 9 月日本投降的 14 年时间里，由石井四郎一手策划在中国组建了许多细菌战部队的秘密基地。据日本史学家常石敬一教授的研究统计，日本细菌战部队的人员共有 2 万余人。其中规模最大、影响最深、臭名最昭著的就要算第 731 部队了。

第 731 部队建立在哈尔滨。1932 年 8 月下旬，石井四郎与 4 名助手及 5 名雇员来到黑龙江省，建立了第一个细菌实验所，对外称"关东军防疫给水部"，又称"东乡部队"，1941 年 6 月改称"731 部队"。

当地人称之为"中马城"（原是一个俘虏收容所）的细菌战研究基地，占地面积约 103 500 平方米，有 100 栋砖瓦房，由两个部分组成：①监狱、研